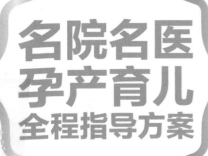

名院名医
孕产育儿
全程指导方案

怀孕
坐月子 吃什么

李宁 主编　北京协和医院营养科副主任医师、副教授
全国妇联"心系好儿童"项目专家组成员

U0339565

湖南科学技术出版社

图书在版编目（CIP）数据

怀孕坐月子吃什么 / 李宁主编. — 长沙 ：湖南科学技术出版社，2019.1

（名院名医孕产育儿全程指导方案）

ISBN 978-7-5357-9728-5

Ⅰ．①怀… Ⅱ．①李… Ⅲ．①妊娠期－妇幼保健－食谱②产褥期－妇幼保健－食谱 Ⅳ．①TS972.164

中国版本图书馆 CIP 数据核字(2018)第 041345 号

MINGYUANMINGYI YUNCHAN YUER QUANCHENG ZHIDAO FANGAN
HUAIYUN ZUOYUEZI CHISHENME
名院名医孕产育儿全程指导方案

怀孕坐月子吃什么

主　　编：李　宁
责任编辑：何　苗
出版发行：湖南科学技术出版社
社　　址：长沙市湘雅路 276 号
网　　址：http://www.hnstp.com
湖南科学技术出版社天猫旗舰店网址：
　　　　　http://hnkjcbs.tmall.com
邮购联系：本社直销科 0731-84375808
印　　刷：湖南天闻新华印务有限公司
　　　　　（印装质量问题请直接与本厂联系）
厂　　址：湖南省长沙市望城区银星路8号
邮　　编：410219
版　　次：2019 年 1 月第 1 版
印　　次：2019 年 1 月第 1 次印刷
开　　本：710mm×1000mm　1/16
印　　张：13
书　　号：ISBN 978-7-5357-9728-5
定　　价：49.80 元

从决定要宝宝的那一刻开始，你肯定在期待着成为一个好妈妈。那么，你是否做好了充足的准备呢？是否知道怎样才能把最好的营养提供给宝宝呢？

孕期的饮食不仅提供孕妈妈日常所需的营养，而且对宝宝的生长发育有着直接的影响。孕期营养不合理，不仅会导致"缺陷儿"的产生，更严重的是会增加孩子成年后患肥胖、糖尿病、心血管疾病等慢性病的概率。可见，孕期营养对宝宝未来的健康有着至关重要的作用。

怀孕期间，怎么吃才更科学、更营养，是每位孕妈妈都需要关注的问题。

本书旨在为孕妈妈提供科学合理的饮食方案并进行孕产全程营养指导，提醒孕妈妈根据自身的生理变化及胎儿的生长需要及时、全面、均衡地摄取营养，同时还提供了一日食谱和各种营养美味菜谱作为参考，帮助孕妈妈为胎儿的顺利降临和健康成长搭建一个营养储备库。此外，针对孕产期容易出现的一些不适症状，如孕吐、便秘、水肿、妊娠纹、产后虚弱等，亦有相应的食疗方案推荐。

在这里，我们祝愿所有的孕妈妈都愉快、顺利地度过孕产期，愿小宝宝们都聪明、健康、可爱！

目录
C O N T E N T S

Part 1

打响孕期
营养的前战

Part 2

孕早期营养
远离早孕反应

Part **3**

孕中期营养
尽情享受美味

Part 4

孕晚期营养
只要营养不要胖

Part **5**

孕期重点推荐食材

Part 6

孕期必补
重点营养素

Part 7

孕期常见
不适食疗方

Part **8**

产后保健
改善体质好时机

Part 9
产后常见不适
调养的食疗方

绪 论

怀孕后的生理变化

女性怀孕后，身体会发生哪些变化呢？快来看看吧！

	变化
内分泌功能	母体卵巢及胎盘激素分泌增加；孕期甲状腺激素水平升高；胰岛素分泌增多，使孕期空腹血糖值稍低于非孕期
消化功能	容易出现饱胀感及便秘；食物在肠道滞留，一些营养素，如钙、铁、维生素B12和叶酸等在肠道吸收量增加；贲门括约肌松弛，胃内容物可逆流进食管下部，引起泛酸等早孕反应，使孕期消化酶分泌减少，导致消化不良
血液	血浆随孕期进展逐渐增加；红细胞和血红蛋白的量增加，至分娩时达最大值；血浆和红细胞增加程度不一致，血液相对稀释，出现生理性贫血
肾功能	肾血浆流量及肾小球滤过率增加，尿中葡萄糖排出量可增加，尤其在餐后15分钟可出现尿糖；尿糖增加与血糖浓度无关，应与真性糖尿病鉴别
体重增加	体重增长，胎儿、胎盘、羊水、增加的血浆容量、增大的乳腺和子宫被称为必要性体重增加

宫高和腹围变化表

孕妇宫高和腹围的变化显示了胎宝宝的生长发育状况。如果连续2周宫高没有出现变化，孕妇要及时去医院做相关检查。宫高和腹围低于正常范围，意味着胎儿可能发育迟缓，孕妇需要适当加强营养；宫高和腹围高于正常范围，孕妇则需要控制营养摄入，增加运动量。如果产前1周内测量宫高和腹围之和超过140厘米，则可能是巨大儿。

	妊娠月份	下限（厘米）	上限（厘米）	标准（厘米）
宫高	孕5月	15.3	21.4	18
	孕6月	22	25.1	24
	孕7月	22.4	29	26
	孕8月	25.3	32	29
	孕9月	29.8	34.5	32
	孕10月	31	36.5	33
腹围	孕5月	76	89	82
	孕6月	80	91	85
	孕7月	82	94	87
	孕8月	84	95	89
	孕9月	86	98	92
	孕10月	89	100	94

孕期体重增长规律

	不增反降的孕早期（1~3个月）	稳步上升的孕中期（4~7个月）	增长迅速的孕晚期（8~10个月）
胎儿的情况	胚胎正在发育，形成最初的脊椎、心脏等重要部位。这一阶段，胎儿身长从2厘米长到9厘米，体重从3克长到48克	这是胎儿快速生长的一个阶段，4个月时身长是15~18厘米，体重为90~150克；到第7个月的时候，胎宝宝就可以达到37~39厘米长，1100~1300克重了	32~35周是胎儿成长最快的时期，孕妇的体重也会随之增长。经过10个月的生长发育，胎儿的身长已经达到48~51厘米，体重也较孕中期增长3倍之多，达到2900~3400克
孕妇的情况	孕妇的体型并没有太大的变化，但胸部会有些发胀。大部分孕妇的体重增幅仅为1~1.5千克，还有一些孕妇因为孕吐反应或其他原因体重不增反降，这也是正常现象	孕妇的肚子已经轻微隆起，尤其是偏瘦的孕妇，通常会在孕5月时腹部突然隆起，且胸部逐渐增大，腰身也会渐渐变粗。这是控制体重的关键期，一般以每两周增加1千克左右为宜	这段时间孕妇体重增长迅速，胸部及腹部急速增大，并出现水肿，直至产前增加5~6千克。有些孕妇会出现胃灼痛、消化不良、腿部抽筋等情况，这些都属于正常情况，不需要太担心
建议	孕妇正处于孕吐反应期，这时不应过分地控制体重，但也不要暴饮暴食，尤其是高热量的油炸食物等。这段时间要避免剧烈运动，注意休息	饮食要讲究营养均衡，而不是一味地乱吃、多吃。此外，千万不要忘记运动，可以做些简单的家务，让自己的身体更加灵活	60%的多余体重都是在孕晚期猛增的结果。此时胎儿的身体基本长成，孕妇在饮食上要讲究"少而精"。称体重是每天必做的功课，最好在饭前称，这可以有效提醒孕妇好好控制体重。这一阶段，孕妇的体重增长应控制在每周500克左右

认识"BMI"

BMI即体重指数（Body Mass Index），是目前国际上常用的衡量人体胖瘦程度以及是否健康的一个标准，是通过一个人的身高和体重的比例来估算标准体重的一种方法。亚洲成年人的BMI理想指数是18.5~22.9。

BMI的计算公式：

举例说明：
王女士，身高1.6米，孕前体重为45千克，45千克/（1.6米×1.6米）=17.6，BMI等于17.6

孕妇增长的体重 ≠ 胎儿的体重

孕期子宫的肌肉层迅速增长，会让孕妇增重	约0.9千克
胎盘	约0.6千克
全孕期乳房重量增加	约0.4千克
血容量总增加	约1.2千克
各类体液增重	约2.6千克
孕妇为哺乳做准备会储备一些脂肪	约2.5千克
胎儿的重量	约3.3千克
整个孕期，孕妇增加的重量	**约11.5千克**

当然，这只是一个平均值，仅供参考，而具体的体重增加情况还要根据个人的BMI来计算。

孕期营养日记

孕期饮食日记虽然简单，但能帮助孕妇改善饮食习惯。孕妇只要把下面的表格复印下来，日常进餐时将用餐内容快速记录下来，一周结束时，通过自己记录的孕期饮食日记，可以直观地看到自己在过去的一周里，哪些方面做得好，哪些方面需要改进，坚持好的，改掉不好的，用不了几次，就会真正了解自己的饮食习惯，并及时作出改进。

（孕____周　____年　____月　____日）

		饮食状况 （包括饮食的量及时间）	饥饿程度 （1～10个等级， 10为非常饿）	心情 （1～10个等级， 10为很高兴）
星期（　）	早餐			
	午餐			
	晚餐			
	夜宵			
□ 我今天 锻炼了	零食			
饮水量 （1～8杯）	□ □ □ □ □ □ □ □			
补充的营养 成分	□叶酸　□钙　□维生素C　□铁　□膳食纤维　□多种维生素			

营养小测试：缺什么补什么

营养测试可以帮助孕妇大体上了解自己的营养状况，下面提到的症状如果孕妈妈经常遇到，每一项记1分；如果出现橘红色字体的症状，则得2分；每种营养素对应的分值均为10分，将所得的分值累计记录在下面的括号内。

维生素A	维生素D	维生素E	维生素C
口腔溃疡 暗适应能力欠佳 角膜干燥发炎 痤疮 频繁感冒或感染 喉咙干燥甚至患有支气管肺炎 皮肤粗糙、干燥 有头皮屑 味觉或嗅觉减弱 食欲下降，腹泻	食欲不振 恶心，呕吐，腹泻 背部疼痛 皮肤干燥 容易感染、发热 龋齿 肌肉抽搐、痉挛 关节疼痛或僵硬 精神萎靡，心情烦躁 失眠	容易疲劳 容易发生皮下出血 静脉曲张 皮肤缺乏弹性 肌肉缺乏韧性 伤口愈合缓慢 不易受孕 性欲低下	经常感冒、发烧 体力不足，容易疲劳 腹泻，呕吐 经常被感染 牙齿松动出血 容易发生皮下出血 流鼻血 伤口愈合缓慢 皮肤出现红疹 腿部压痛
得分（ ）	得分（ ）	得分（ ）	得分（ ）

维生素B₁	维生素B₂	维生素B₁₂	叶酸
脚气病 肌肉松弛 眼睛疼痛 易怒 健忘，注意力不集中 手、脚部刺痛 多梦 食欲不佳 便秘 心跳快	视物模糊，视力下降 眼睛充血、灼痛或沙眼 眼睛容易疲劳 对亮光敏感 贫血 口腔黏膜溃疡 头发过干或过油 湿疹或皮炎 指甲开裂 嘴唇干裂	头发状况不良 湿疹或皮炎 口腔对热或冷过度敏感 健忘 焦虑或紧张 虚弱 便秘 肌肉松弛或疼痛 肤色苍白	口疮 嘴唇干裂 少白头 焦虑或紧张 记忆力差 贫血 精神萎靡 容易疲劳 食欲不振 胃痛
得分（ ）	得分（ ）	得分（ ）	得分（ ）

α–亚麻酸	钙	铁	锌
皮肤干燥或有湿疹 头发干燥或有头皮屑 有炎症，如关节炎 过度口渴或出汗 水分潴留 经常感染 记忆力差 高血压或高血脂 经前综合征或乳房疼痛	抽筋或痉挛 指甲脆弱 骨质疏松 失眠 神经过敏 关节疼痛或关节炎 龋齿 鼻子过敏 高血压 气喘	肤色苍白 头昏耳鸣 记忆力减退 易疲劳 对寒冷过敏 气喘、心跳过速 舌头疼痛 情绪低落 腹胀腹泻 食欲不振或恶心	味觉或嗅觉减退 口腔溃疡反复发作 食欲降低 视力下降 毛发枯燥 皮肤无光泽 痤疮、粉刺较多 两个以上的手指甲有白斑 经常发生感染 有伸张纹
得分（ ）	得分（ ）	得分（ ）	得分（ ）

计算出每一种营养素的总分值，所得分值越高，说明对该种营养素的需求就越大，需要及时进行补充。某些营养素还要再加上一定的分值，才是最终得分：

维生素D+1　维生素B₁₂+2　叶酸+2　α–亚麻酸+2　钙+2　锌+2

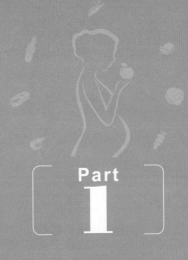

打响孕期
营养的前战

　　准备怀孕的夫妻，孕前的营养非常重要。经调查发现，女性孕前的体重与新生儿的出生体重相关，许多出生体重低的婴儿，往往是母亲孕前体重较低或孕后体重增加较少。有的妈妈生出巨大儿，常与孕前或孕后营养不合理有关。因此，孕前的营养不可忽视。

孕前 备孕女性饮食调养方案

彩虹饮食，保证精强卵肥

食物有红、黄、绿、黑（紫）和白色，就像彩虹一样，每种食物都有自己特有的营养素，备孕夫妻摄入食物颜色越多，营养越均衡，越有助于保证精强卵肥。

红色食物 红色食物具有益气补血的作用，可以增强神经系统的兴奋性，缓解身体疲劳，如牛肉、羊肉、猪肉、猪肝、番茄、胡萝卜、红薯、红豆、红苹果、樱桃、草莓、西瓜、枸杞子等。

黄色食物 黄色食物富含维生素A、维生素C、维生素D等营养素，能保护胃肠黏膜，防止胃炎、胃溃疡等疾病发生；能抗氧化，延缓皮肤衰老，维护皮肤健康；还能促进钙、磷元素的吸收，强筋壮骨，如玉米、柠檬、橙子、菠萝、香蕉、木瓜、枇杷等。

绿色食物 绿色食物中的维生素和矿物质能帮助排出体内毒素，减少毒素对人体的伤害，如菠菜、油菜、西蓝花、韭菜、丝瓜、黄瓜、苦瓜、芦笋、豌豆、绿豆、猕猴桃等。

黑色食物 黑色食物大都具有补肾的功效，可降低动脉硬化、冠心病的发生率，对肾病、贫血、脱发等均有很好的疗效。此外，黑色食物中含有的抗氧化成分可清除体内自由基，延缓衰老，养颜润肤，如黑木耳、海带、牛蒡、紫菜、黑米、黑芝麻、黑豆等。

白色食物 白色食物可补肺益气，而且大多数白色食物，如牛奶、大米等都富含蛋白质，经常食用能消除疲劳，如白萝卜、冬瓜、竹笋、茭白、花椰菜、银耳、豆腐、大米、糯米、莲子、面粉、梨、鸡肉、鱼肉、牛奶等。

女性备孕饮食

孕前就要开始吃叶酸

神经管畸形是危害人类健康最严重的先天性畸形，表现为无脑畸形、脑水肿和脊柱裂等。而中国是神经管畸形的高发国家，几乎每一千名新生儿中就有3个患有这种病。

叶酸是一种含单一有效成分的维生素，能够预防胎儿畸形，所以从孕前3个月开始，直到孕后3个月结束，每天需补充0.4～1毫克，且建议备孕女性规律补充。

需要特别注意的是，以下三类备孕女性，需要重点补充叶酸：

1.大龄孕妇（年龄超过35岁）。由于受孕后卵细胞的纺锤丝老化，生殖细胞在分裂时容易出现异常，畸形儿的发生概率大大增加。

2.既往有孕育畸形儿的女性，再次发生的概率是2%～5%，曾经出现2胎缺陷者，概率达到30%。

3.经常吃不到绿叶蔬菜及柑橘的山区或高原地区的女性。

营养专家告诉你

含叶酸的食物很多，但由于叶酸具有不稳定性，遇光、遇热容易氧化变性，所以人体真正从食物中获得的叶酸并不多。比如，蔬菜储存2～3天后叶酸可流失一半，在烹调过程中叶酸也会有所流失。也就是说，除去烹调加工的耗损，叶酸的实际吸收利用率大概只有5%。如果仅靠食物摄取，很难满足实际需求量。所以还是要每天服用定量的叶酸片。

叶酸含量比较丰富的食物
（每100克可食部分）

食材	叶酸含量（微克）
大豆	130.2
绿豆	393
腐竹	147.6
豌豆（鲜）	82.6
竹笋（干）	95.8
香菜	148.8
茼蒿	114.3
茴香	120.9
香菇（干）	135
紫菜	116.7
榴莲	116.9
核桃	102.6
花生米	107.5
莲子	88.4
猪肝	335.2
鸡蛋	113.3
鸭蛋	125.4

五种食物助你好"孕"

以下食物对备孕女性的身体和未来的宝宝都非常有益，在孕前可以常吃。

鸡蛋

鸡蛋是人类最好的营养来源之一，它可以给备孕女性提供最佳的蛋白质，氨基酸、微量元素及维生素的含量也很丰富。

牛奶

牛奶是备孕女性补钙的最佳选择。牛奶中钙和磷的比例适宜，有利于吸收。同时牛奶还是维生素D和钾的重要来源。牛奶还富含蛋白质、维生素A及B族维生素等营养成分，能够为备孕女性提供良好的营养储备。

全麦食物

全麦类食物含有丰富的碳水化合物、B族维生素、铁、锌等，比精米精面含有更多的膳食纤维，能够为备孕女性提供每日所需的多种营养物质。

豆类

豆类中含大量优质蛋白质，其营养价值接近于动物蛋白，是最好的植物蛋白。黑豆和黄豆等还可以提供备孕女性所需要的膳食纤维、铁、钙、锌等微量元素。

牛肉

牛肉含有丰富的蛋白质，其氨基酸组成接近人体需要，能帮助备孕女性提高抵抗力。中医认为，牛肉有补益中气、滋养脾胃、强健筋骨的功效，对备孕女性来说是非常有益的。

素食女性

不少女性逐渐喜欢上了素食，原因很多，有的女性觉得吃素是一种时尚，有的女性觉得吃素会更健康、更年轻，也有的女性吃腻了大鱼大肉，觉得吃素更自然……但实践证明，长期吃素会导致女性体内激素分泌异常、月经周期紊乱等，进而降低受孕能力。所以，素食女性在孕前应该适当改变一下饮食习惯以加强营养。

每天摄取蛋白质60~80克

蛋白质能辅助调节女性的雌激素，帮助子宫内膜出现分泌期的转变，为怀孕提供良好的身体状态，所以素食女性要保证每天摄取60~80克蛋白质，可以多吃些鱼、蛋、奶等食物。

每天摄入动物胆固醇50~300毫克

素食女性每天要保证摄入50~300毫克的动物胆固醇，这样才能更好地发挥雌激素作用，促进卵巢排卵，为顺利怀孕准备优质的卵子，平时可以多吃些猪肾、鲤鱼、猪瘦肉、牛瘦肉等。

每天补充铁15~20克

素食女性易患贫血，并影响身体内激素分泌，所以每天应该补充15~20克铁，可以吃些动物肝脏、动物血、瘦肉等。

每天补充维生素B₁₂ 3~4微克

素食女性容易患维生素B₁₂缺乏症，出现精神抑郁等症状，不利于顺利受孕。平时可以多吃些深绿色蔬菜、酵母、动物内脏、瘦肉、花生，多喝牛奶。

过敏体质女性

1.需要补充维生素C和黄酮素。因为维生素C具有抗组胺的作用，而组胺是诱发过敏的重要介质，而黄酮素进入身体后，能干扰组胺的释放，有利于增强维生素C的抗组胺作用，所以备孕女性平时可以多吃些富含维生素C及黄酮素的食物。

2.多吃豆类食物。因为过敏体质的人，血液中游离氨基酸含量比正常人少，而豆类食物中游离氨基酸含量丰富，每天喝些豆浆，能降低过敏症的发病率。

3.远离易致敏的食物，如螃蟹、鲍鱼、田螺等。

消化不良女性

日常生活无规律，如工作紧张、饥饱无度等容易导致消化不良。这种类型的女性因为体内热量过高或体力不足，使得肠胃功能较弱。可以采取以下措施进行调理。

1.将少量营养价值高的食物做成容易消化的食物食用，尽量避免食用寒性食物和有酸味的食物。

2.最好采用少食多餐的方式，一天分4~5次进餐。

3.饭后要充分休息。

 营养专家告诉你

素食女性要吃一些坚果。核桃、瓜子、松子等坚果中含有不饱和脂肪酸，能够促进胎宝宝的中枢神经系统的发育，所以备孕女性每天可以吃40克左右的坚果，大概一小把的量。但坚果的热量比较高，所以也不可多吃。

贫血女性

如果备孕女性贫血，会致免疫力下降，对失血的耐受力差，分娩时宫缩无力，进而引起出血量增加，此外，还会导致胎儿宫内发育迟缓、早产及新生儿窒息等，所以，备孕女性若发现有贫血时应尽早查明原因，及时治疗，也可以通过饮食补血。

多吃补血的食物

备孕女性平时要多吃些富含蛋白质、铁、叶酸、维生素B_{12}等食物。

1.动物肝脏不仅含铁量高，而且易于人体吸收，如猪肝、鸡肝、牛肝、羊肝等。

2.黄绿色的蔬菜富含铁质和胡萝卜素，而胡萝卜素能促进血红素的增加，提高血液浓度和血液质量，如菠菜、胡萝卜、南瓜等。

搭配维生素C，提高对铁的吸收

维生素C可以提高铁质的吸收，帮助制造血红素，改善女性贫血症状。富含维生素C的食物有鲜枣、猕猴桃等。

做菜时多使用铁器

备孕女性做菜时尽量使用铁锅、铁铲等，这些炊具在烹调时会产生一些铁屑融入食物中，形成可溶性铁盐，被肠道吸收后也能补充铁。

肥胖女性

据研究显示，女性过胖会增加月经不调的发生率，进而出现无排卵、排卵延迟或排卵少等情况，不利于受孕，所以备孕女性为了自身和胎儿的健康，孕前应该适当减减肥。

看看自己是否超重

BMI（身体质量指数）=体重（千克）÷身高^2（米）

等级	BMI值
轻体重	<18.5
健康体重	18.5≤BMI<24
超重	24≤BMI<28
肥胖	BMI≥28

有助于减肥的饮食习惯

为了生育一个健康的宝宝，不应过于肥胖。如果你已经是偏胖体型，就需要在日常饮食和生活中多加控制，尽快采取有效措施。

1.避免过量进食，减少高脂肪食物的摄入。

2.维持良好的排便规律，排出多余废物。

肥胖女性的减肥清单

有效的食物	
生的食物	蔬菜、水果、生鱼片等
酸的食物	醋拌菜、酸梅、柠檬、橘子等
其他食物	荞麦、海藻类、南瓜、木耳等
尽量避免吃的食物	
甜食	砂糖、点心类
烤焦食物	烤焦的吐司、锅巴、烤肉等
其他食物	火腿、香肠等
少吃的食物	
油腻食物	油炸类、肥肉、奶油等

孕前

备育男性饮食调养方案

男性备育饮食

韭菜让男性"雄"起来

韭菜是一种常见的蔬菜，中医认为有补肾助阳的作用，因此又有"起阳草"之称。适用于阳痿、早泄、遗精等症，是男性之友，尤其适用于备育爸爸哟！

男性也要补充叶酸

平时我们总是建议女性备孕补充叶酸，以避免因叶酸缺乏而造成胎儿神经管畸形。最新研究表明，叶酸对于男性备育也同样具有重要意义。当男性体内叶酸缺乏时，男性精液的浓度会降低，精子的活动能力减弱，进而导致受孕困难。

另外，叶酸在人体内还能与其他物质合成叶酸盐，它对于孕育优质宝宝也起着至关重要的作用。男性体内叶酸盐不足，染色体缺陷的概率就会大大增加，从而导致孩子出生后罹患疾病的风险增大。

要多补充叶酸，可以让备育男性多吃以下的食物：动物肝脏、红苋菜、菠菜、生菜、芦笋、龙须菜、豆类、苹果、柑橘、橙子等。

当然，除了补充叶酸之外，备育男性还应注重维生素的摄入，有助于提高精子的成活率。备育男性可以根据不同的季节挑选一些时令蔬果，比如春天可以多吃一些新鲜的菠菜、野菜，而秋天正是水果大量上市的季节，可以多多进食水果。

营养专家告诉你

蜂蜜是一种富含植物雄性激素的食品，很适合备育男性食用。蜂蜜是由蜜蜂采集大量花粉酿造而成的，而花粉是植物的雄性器官，花粉中含有大量的植物雄性激素，这种激素与人的垂体激素相仿，有明显的活跃性腺的生物特征，从而起到增强男性精子活力的作用。

戒烟戒酒

备育男性要主动戒烟戒酒。烟草中产生的尼古丁和多环芳烃类化合物会引起睾丸萎缩和精子形态改变，而酒精对人体肝脏和睾丸有直接影响，容易导致精液质量下降。因此，备育男性应尽量远离烟酒。

烟含有大量的尼古丁，备育男性吸入过多，容易导致精子形态改变，不利于优生优育。

备育男性的营养准备

与备孕女性一样，准爸爸们在准备要孩子之前也要进行营养补充。来看看准爸爸需要做的孕前营养准备吧。

蛋白质

蛋白质是细胞的重要组成部分，也是生成精子的重要原材料。合理补充优质蛋白，有利于协调准爸爸体内各类激素水平并提高精子的数量和质量。但摄入不能过量，否则会破坏体内的营养均衡，影响维生素及其他营养物质的摄入，并造成酸性体质，影响精子质量。

富含优质蛋白的食物有：
深海鱼虾、牡蛎、大豆、瘦肉、鸡蛋等。

维生素C

维生素C可以减少精子受损的危险，并提高精子活力，准爸爸每天应至少摄取维生素C100毫克。

富含维生素C的食物有：
绿叶蔬菜、菜花、土豆、猕猴桃、木瓜、草莓等新鲜蔬菜和水果。

维生素A

维生素A能使精子的活力增强，准爸爸每天要摄入800微克的维生素A。

富含维生素A的食物有：
动物肝脏、奶制品、蛋黄、西蓝花、胡萝卜、南瓜、杏、甘薯、山药等。

维生素E

维生素E又称生育酚，能增加男性精子的活力和数量，提高生育能力。建议准爸爸每天摄入维生素E14微克。

富含维生素E的食物有：
植物油、绿色蔬菜和豆类。

锌

锌有调节免疫功能的作用，还能改善精子的活动能力。男性体内缺锌，会导致精子数量减少，畸形精子数量增加，以及性功能和生殖功能减退，甚至不育。因此，准爸爸每天至少应摄入锌12～15毫克。

含锌较高的食物有：
贝壳类海产品、动物内脏、瘦肉、谷类胚芽、坚果、蛋类、芝麻、虾等。

硒

硒对男性生育能力同样具有重要影响，它参与了男性睾酮的合成和运载活动，同时帮助提高精子活动能力从而促进受精。男性体内缺硒，会导致精子活力下降。

富含硒的食物有：
芝麻、麦芽、酵母、蛋类、啤酒，海产类如大红虾、龙虾、金枪鱼等。

孕前要远离这些杀精食物

多食动物内脏会导致不育

研究者曾在动物内脏，尤其是牛、羊、猪内脏中发现重金属镉，而镉会导致不孕不育。为了保险起见，备育男性要控制食用动物内脏的量及频次，每周不超过两次，每次不超过50克。

多食肉制品和脂肪含量高的乳制品会影响精子的质量和数量

肉制品在腌制和加工过程中会产生亚硝酸盐。亚硝酸盐是导致身体疲劳、诱发癌症的重要因素。肉制品在加工过程中的卫生状况也令人担忧。备育男性大量食用加工肉类、脂肪含量高的乳制品等，会使有害物质集聚在体内，影响精子的质量和数量。

过多食用芥菜可影响性激素分泌

芥菜能利水化痰、解毒祛风，有消肿醒酒的功效。但经常食用或过量食用芥菜，可抑制性激素的分泌，从而影响生育能力。

 营养专家告诉你

"伟哥"是一种激素，用来治疗男性的阳痿。有些男性经常依靠服用"伟哥"来完成夫妻性生活，长期下去有百害而无一利。提高夫妻生活质量，不能一味依靠外界的激素来补充，而应通过均衡饮食来获取身体所需的营养物质。

烧烤油炸食物会影响精子的生成

烧烤油炸食物中含有的致癌物丙烯酰胺，影响睾丸生成精子，导致男性少精、弱精。油炸食物中的重金属镉还会直接对精子产生毒性，影响胚胎的质量，严重的还会导致畸胎。

需要注意的是，这里所谓的烧烤食物是指用炭火烧烤的食物，而不是烤箱烤制的，烤箱烤制是一种健康的烹饪方法。加热饭菜的时候，不要用泡沫塑料饭盒，或微波炉专用的聚乙烯饭盒。因为在加热的过程中，饭盒中的化学物质会被释放出来，对人体产生危害，直接影响男性的身体健康和生育能力。瓷器含铅量很高，用于加热饭菜也对人体有害，应该避免使用。

 孕妈问

性冷淡会导致不孕不育吗？

产科医生答 这是不争的事实，因为性生活是怀孕的首要前提。想要怀个健康的宝宝，偏偏因为性冷淡而没有性生活，因此错失怀孕机会。性冷淡除了身体原因，心理原因也是重要因素。对女性而言，如果自己主动提出性要求是件尴尬的事情，有时好不容易鼓起勇气提出性要求，又遭到男方残忍拒绝。对男性而言，除了面对社会的各种压力，还要肩负起家庭的责任，苦恼烦闷无处诉，甚至会出现"唯妻勃起功能障碍"现象。

想要改变这一现状，除了需要夫妻有稳固的感情基础外，还要有无论如何都要一起面对、无论发生什么都要一起走下去的决心。对方不理解时，如果选择默默忍耐而不去进行沟通，夫妻间的距离会越来越远，就有可能出现性冷淡等各种问题。因此，为了宝宝的早日到来，夫妻双方必须营造和睦温馨的家庭氛围。

备孕女性营养美味菜

爆炒腰花 补肾壮阳，益气固精

材料　猪腰350克，尖椒50克，胡萝卜50克，黑木耳15克。

调料　葱末、姜末、蒜末、水淀粉、酱油、盐、醋、植物油、鸡精各适量。

做法

1. 撕去猪腰外层的薄膜，横刀剖开，去净筋状物，切片，剞上麦穗花刀，加水淀粉和少许酱油抓匀，腌渍10分钟，放油锅中滑熟，盛出，沥油。

2. 尖椒洗净，去蒂除籽，切块；胡萝卜洗净，切片；取小碗，加入盐、鸡精、酱油、醋、水淀粉搅匀，制成芡汁。

3. 锅内倒油烧热，炒香葱末、姜末和蒜末，倒入胡萝卜煸熟，放入尖椒和黑木耳略炒，下入滑熟的猪腰，淋入芡汁翻匀即可。

百合炒芦笋 轻体排毒补叶酸

材料　芦笋500克，鲜百合150克。

调料　盐、白糖、植物油各适量。

做法

1. 芦笋洗净，切段，焯熟；百合冲洗干净，待用。

2. 炒锅置火上，倒油烧热，下入鲜百合和芦笋，大火翻炒几下，加盐、白糖及适量清水翻炒至熟即可。

营养指南 芦笋属于深绿色蔬菜，含有丰富的叶酸，适合备孕女性食用。此外，芦笋还含有大量的膳食纤维，备孕女性常食用可以加速肠胃蠕动，促进肠道内毒素排出体外，为怀孕提供良好的内环境。

孕早期营养
远离早孕反应

在得知怀孕的那一刻，孕育生命的喜悦、亲人加倍的关怀，都让孕妈妈体会到了前所未有的幸福，这是女人的关键时刻。

怀孕后1~3个月内为孕早期，这一时期会出现不同程度的早孕反应，如呕吐、食欲下降、情绪不振等。同时也是胎儿身体重要组织和器官的分化期。这3个月对外界的不良刺激最为敏感，是胎儿致畸的高危期。

孕早期
营养要点

孕早期生理特点

孕早期是指怀孕期的前3个月，在这段时间，胚胎生长发育的速度缓慢，胎盘及母体的有关组织增长变化不是很明显，母体和胚胎对各种营养素的需要量比孕中期和孕晚期相对要少，大致上和未怀孕时的需要量相同。

但是，孕早期正处于胚胎细胞的分化增殖和主要器官系统的形成阶段，是胎儿发生、发育的最重要时期。特别是怀孕的第3～9周，会有不少不利因素导致胎儿先天发育不良或先天缺陷。此外，某些食品添加剂、食品污染物等对胚胎也有毒性作用。

在孕早期，大部分的孕妈妈会有不同程度的早期妊娠反应，一般从怀孕的第6周开始，至第12周消失。妊娠反应往往会导致孕妈妈的饮食习惯发生变化，影响营养素的吸收。

 孕妈问

怀孕后，总是感觉莫名的疲惫？

产科医生答 这种情况可能是因为孕妈妈身体缺乏铁元素、蛋白质和足够的能量导致的，但疲倦感是孕期正常的反应，不会对孕妈妈和胎儿的发育产生影响。

孕早期饮食要点

全面合理的营养

在孕早期，胚胎各器官的形成发育需要各种营养素，包括蛋白质、脂肪、碳水化合物、矿物质、维生素和水，这一阶段要避免偏食。孕妈妈的饮食应满足胚胎对各种营养素的需要，还要考虑早期妊娠反应的特点，照顾孕妈妈的独特口味。

保证优质蛋白的供给

蛋白质是构成人体组织的最重要物质，对于胚胎的发育以及母体的健康都有着重要作用。蛋白质缺乏容易影响胎儿中枢神经系统的发育，使脑组织细胞数量减少，即使胎儿在出生后摄入足够的蛋白质也不能恢复。早期胚胎缺乏氨基酸合成酶，不能合成自身需要的氨基酸，因而需要从孕妈妈体中吸收。怀孕早期蛋白质摄入量应不低于怀孕前的摄入量。

 营养专家告诉你

蛋白质广泛存在于动植物性食物中。动物性蛋白质量好，利用率高，如肉类、奶类、蛋类、鱼类等。而植物性蛋白中只有豆类属于优质蛋白，这些食物应在孕妈妈的饮食中占适当比例。

能量摄入与孕前持平

孕妈妈热量的需求应随着妊娠中基础代谢的增加、胎儿和胎盘的生长发育、母体有关组织的增大以及体重的增长而增长。孕早期基础代谢增加不明显，胚胎发育缓慢、母体体重、乳房发育变化很小，所以热量的摄入只要与孕前持平就能满足需要。

脂肪主要来源于动物油和植物油。植物油中如芝麻油、豆油、花生油、玉米油等既能提供热量，又能提供母体和胎儿所需的脂肪酸，是食物烹调的理想用油。

营养专家告诉你

热能主要源于糖类和脂肪。糖类主要来源于蔗糖、面粉、大米、玉米、小米、红薯、土豆、山药等。糖类比脂肪容易消化吸收，能缓解早期妊娠反应。

确保钙、磷、铁、锌的供给

无机盐和维生素对保证早期胚胎器官的形成发育有重要作用。在怀孕的第9～10周，胚胎骨骼开始骨化，若钙和磷的摄入量不足会影响骨骼的发育。若铁的摄入量不足，容易造成妊娠期缺铁性贫血。母体若缺锌，容易影响胚胎的脑部发育。因此，从怀孕起，孕妈妈就要适当摄入含丰富钙、磷、铁、锌等的食物。

注意B族维生素的补充

B族维生素主要存在于谷类粮食，但在经过加工的精米、精粉中，B族维生素的含量明显减少。因此，孕妈妈要多食标准米和标准粉，烹调过程中要避免维生素的流失。

做面食时少加碱或不加碱，淘米时不要过分搓洗，这样能减少B族维生素在烹调加工过程中的损耗。

禁止或尽可能少喝含酒精的饮料

长期饮酒或饮含酒精的饮料会影响母体健康和胎儿的发育。孕妈妈不宜经常饮用蒸馏酒或发酵酒，可以适量饮用不含酒精的饮料，如汽水、橘子汁、果子露、酸梅汤、茶等。

孕妈妈这时可以榨一些果汁作为饮料，有利于胎宝宝的健康。

防止发生腹泻或便秘

孕妈妈在怀孕期间，消化功能降低，抵抗力减弱，容易发生腹泻或便秘。腹泻不仅会导致体内营养素流失，还会因肠蠕动亢进而刺激子宫，甚至引起流产。因此，应常食新鲜卫生、易消化的食物。便秘时应多食纤维素含量多的蔬果、薯类食物。多补充水分也能防止便秘。

孕早期每日饮食推荐

餐次	食物	原料	量（克）	能量（千卡）	蛋白质（克）	脂肪（克）	碳水化合物（克）
早餐	拌蔬菜	胡萝卜	50	17.76	0.48	0	3.84
		菠菜	50	10.68	1.335	0	1.335
	牛奶	牛乳	250	135	7.5	7.5	7.5
	燕麦粥	燕麦片	50	183.5	7.5	3.5	31
	煮蛋	鸡蛋（白皮）	60	72.036	6.786	4.698	1.044
上午加餐	橘子	橘子	200	60.3	1.34	0	13.4
午餐	金银卷	小麦粉（标准粉）	50	172	5.5	1	36
		玉米面（白）	25	85	2	1	16.75
	里脊炒油菜	香菇（鲜）	50	9.5	1	0	1
		猪肉（里脊）	50	77.5	10	4	0.5
		花生油	5	44.95	0	5	0
		油菜	50	10.005	0.87	0	1.305
		豆腐干	25	35	4	1	2.75
	芹菜豆干	芹菜（白芹，旱）	50	4.62	0.33	0	0.66
		花生油	5	44.95	0	95	0
下午加餐	饼干	饼干	25	108.25	2.25	3.25	17.75

餐次	食物	原料	量（克）	能量（千卡）	蛋白质（克）	脂肪（克）	碳水化合物（克）
晚餐	荞麦米饭	大米	50	173	3.5	0.5	38.5
		荞麦	25	81	2.25	0.5	16.5
	清炒西蓝花	西蓝花	100	27.39	3.32	0.83	2.49
		花生油	5	44.95	0	5	0
	柿椒鸡丝	青椒	100	18.04	0.82	0	3.28
		鸡胸脯肉	50	66.5	9.5	2.5	1
		花生油	5	44.95	0	5	0
晚上加餐	龙须面	鸡蛋（白皮）	25	30.015	2.8275	1.9575	0.435
		小麦粉（标准粉）	25	86	2.75	0.5	18
		菠菜	20	4.272	0.534	0	0.534
合计				1612.17	72.3935	51.7	212.823

（注：孕早期每日饮食推荐是以孕前体重55～60千克，身高160～165厘米作为标准）
（参考：协和医院营养餐单）

 营养专家告诉你

在第一次建档时，医生会建议孕妈妈少食多餐，控制总量，每天监测体重。协和专家给出了孕早期、孕中期和孕晚期的每日饮食推荐，早期热量控制在1600千卡，中晚期热量控制在2000千卡。孕早期、中期的菜单虽然菜品相同，但其中主食的分量不同，全天摄取的热量也不同。孕晚期是胎儿长肉时期，但热量也不能过高，以防巨大儿，跟中期大致持平即可。

孕中期每日饮食推荐见第78页。孕晚期每日饮食推荐见第128页。

 孕1月 # 随心所欲地吃

孕周	胎儿的发育	孕妈妈的变化
第1~2周	第1周就是最后一次月经开始那一周 第2周子宫为排卵做好准备	怀孕第1周并没有真正怀孕，子宫内膜脱落形成月经之后，体内的激素会促使又一次排卵。 第2周女性排卵时会感到轻微疼痛
第3周	精子和卵子在输卵管中相遇并完成受精的过程 受精卵从输卵管移动到子宫内，开始进行细胞分裂，此时是真正意义上的怀孕的开始 在子宫里生长的胚胎虽然体积很小，却保持着飞快的增殖和成长速度	阴道的分泌物增多，也会有轻微的疼痛感 由于还没有经过一个月经周期，可能还没有意识到已经怀孕了 受精卵在着床时可能引起少量出血，此时即使阴道流出的血液呈现出灰黄色，而不是红色，也不要过于慌乱
第4周	受精卵分裂成两部分，一部分形成胎盘，另一部分形成胎儿 进行B超检查可以观察到胎儿所生存的初期场所—— 胎囊	月经停止，孕妈妈可以明显感觉到身体发生了变化 维持妊娠过程的黄体酮开始分泌 孕妈妈没有明显的体重和外表的变化 开始进行体重、血压、尿液、血液等基本项目的检查

本周注意事项	饮食注意事项	适合孕1月食用的食物

在决定要宝宝的时候，就要将家里的宠物送人了

开始学习推算预产期的方法保证按照饮食规则充分地摄取各种营养

及时补充叶酸，在孕早期摄入足够的叶酸能预防贫血，降低畸形儿的发生率

多吃绿色蔬菜和水果，并保证每天至少喝8杯水

多吃新鲜水果，增加维生素C的摄入，提高孕妈妈的抵抗力

注意摄取优质蛋白和钙质可以适当服用鱼肝油和蛋黄

富含叶酸的食物，如菠菜、生菜、芦笋、小油菜、小白菜、麸皮面包、香蕉、草莓、橙子、橘子、动物肝脏等

富含优质蛋白质的食物，如鱼类、蛋类、乳类、肉类和豆制品等

定期进行体重检查，这对判断妊娠期高血压疾病和双胞胎的情况很有帮助

血压监测的结果是诊断妊娠期高血压疾病的重要依据

怀孕初期不要染烫头发

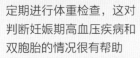

孕妈妈的营养状况

这个月孕妈妈的体重增长并不明显，几乎和怀孕前没有什么变化。

孕妈妈在此时要注意不要营养过剩。如果孕妈妈此时的体重增长过快，有可能会出现营养过剩或营养摄入不均衡。这时，孕妈妈需要减少脂肪的摄入量，少吃过油和过甜的食物，并且不要暴饮暴食，每餐保持七八分饱；同时，吃饭注意细嚼慢咽，延长进食时间，增加饱腹感。

孕1月营养饮食方案

1.为了避免或减少早孕反应，如恶心、呕吐等，可采用少食多餐的方法，饮食最好清淡，不吃油腻和辛辣食物，选择易于消化吸收的食物。

2.食用食物前，蔬菜要充分洗净，水果最好削皮，尽量避免农药污染。

3.最好采用健康合理的烹调方法，如蒸、煮、炖等，减少营养物质的流失，保留食物的原味。

4.做菜的炊具最好选择铁制或不锈钢制品，不要用铝制品和彩色搪瓷制品，以免过多摄入铝、铅等微量元素而对人体造成伤害。

5.孕妈妈应养成良好的饮食习惯，定时用餐，三餐之间最好安排两次加餐，进食一些点心、饮料（如牛奶、酸奶、鲜榨果汁等）、蔬菜和水果，定量用餐，不挑食偏食，尽量多在家里吃饭，保证食物的卫生。

6.孕妈妈进餐时，最好能保持愉快的心情，营造一种温馨的进餐氛围，能有效增进食欲，保证就餐时不被打扰。

7.孕妈妈最好每天清晨空腹喝杯白开水或矿泉水，要吃早餐，并要保证质量。

8.合理搭配食物，最好将果类蔬菜和叶类蔬菜搭配、根类蔬菜和叶类蔬菜搭配，红色、紫色或黄色蔬菜和绿色蔬菜搭配。

 孕妈问

女性怀孕后就大补特补的做法值得推荐吗？

产科医生答 不建议。如果刚怀孕就大补特补，生怕孩子输在起跑线上，那么胎儿不需要的营养就会全部长在自己身上，反而容易造成肥胖，这样产后就很难恢复。

 **营养专家告诉你**

早、中、晚这三次正餐应该占全天总热能的90%，大部分营养素的摄入，应该在三餐中安排进去，特别是优质蛋白质、脂肪、碳水化合物这三大营养物质。加餐一般占到全天总热量的10%，可以吃点核桃、花生、瓜子等坚果，或苹果、桃子、猕猴桃、香蕉、草莓等水果，加1份酸奶。

孕1月重点营养素

孕妈妈在孕1月可以按照正常的饮食习惯进食，营养丰富全面，饮食结构合理，膳食中最好含有人体所需要的所有营养物质，最好能包含如蛋白质、脂肪、水、碳水化合物、各种维生素和必需的矿物质、膳食纤维等多种营养素。

1. 碳水化合物

孕妈妈每天应摄入150克以上碳水化合物。如果受孕前后碳水化合物和脂肪的摄入不足，孕妈妈会一直处于饥饿状态，容易导致胎儿大脑发育异常，宝宝出生后智力也会受到影响。

一般来说，在蔗糖、面粉、大米、玉米、红薯、土豆、山药等粮食作物中含有较多的碳水化合物。

2. 蛋白质

孕妈妈要保证优质蛋白的充分摄入，这样才能保证受精卵的正常发育。可以多食如鱼类、蛋类、乳类、肉类和豆制品等食物。

3. 矿物质

各种矿物质对早期胚胎器官的形成发育有重要作用。富含锌、钙、磷、铜等矿物质的食物有乳类、肉类、蛋类、花生、核桃、海带、黑木耳、芝麻等。

4. 维生素

维生素能保证早期胚胎器官的形成发育。孕妈妈要多摄入叶酸、维生素C、B族维生素等。叶酸普遍存在于绿叶蔬菜、柑橘、香蕉、动物肝脏、牛肉中。在谷类、鱼类、肉类、乳类和坚果中含B族维生素较丰富。

5. 叶酸

胎儿神经管发育的关键时期是在怀孕的第17～30天。此时，如果叶酸摄入不足，有可能引起神经系统发育异常。如果从计划怀孕就开始补充叶酸，就能有效地预防胎儿神经管畸形。如果孕前没有特别注意补充叶酸，那么此刻孕妈妈就必须开始补充叶酸了。此时所需要的叶酸含量每日为600微克，最高不能超过1000微克。

 营养专家告诉你

怀孕之后，最好能坚持"三餐两点心"的原则，在保证一日三餐正常化的基础上，两餐之间再安排一次加餐。

早、中、晚这三次正餐应该占全天总热能的90%，大部分营养素的摄入，应该在三餐中安排进去，特别是优质蛋白、脂肪、碳水化合物这三大营养物质。

加餐一般占到全天总热量的10%，可以吃点核桃、花生、瓜子等坚果，或苹果、桃子、猕猴桃、香蕉、草莓等水果，加1份酸奶。

孕早期（1～3月）每日膳食构成参考

米、面主食200～250克

玉米、小米、燕麦等杂粮25～30克

豆类及豆制品50～100克

牛奶或酸奶200～250克

蔬菜和水果500～600克

蛋类25～60克

畜肉、禽肉、鱼肉类等动物类食物50～100克

植物油20克

可加些坚果类食品作为零食

孕1月一日参考食谱举例

孕妈妈每天最好按照"三餐两点心"的方式进食。早餐应主副食搭配，干稀搭配。午餐最好能丰盛点。尽量不去外面吃快餐，多吃蔬果，确保营养。

餐次	用餐时间	食谱举例
早餐	7：00~8：00	牛奶250克，白糖10克，馒头1个，芝麻酱10克
加餐	10：00	苹果1个，酸奶150毫升
中餐	12：00~12：30	米饭100克，豆腐干炒芹菜（芹菜100克，豆腐干50克），排骨烧油菜（排骨50克，油菜100克），蛋花汤（鸡蛋50克，紫菜5克）
加餐	15：00	草莓100克，面包50克
晚餐	18：00~18：30	二米饭（大米50克，小米25克），鲜菇鸡片（鸡胸片50克，鲜蘑菇50克），海蛎肉生菜（海蛎肉20克，生菜200克）
加餐	21：00	牛奶250克

准爸爸必修课：做个合格的营养师

厨房中的油烟等物质，会给胎儿带来非常不利的影响。因此，孕妈妈最好避免下厨，从怀孕第1个月开始，准爸爸就要做一个称职的家庭营养师了。除了从五谷、蔬菜、肉类、水果等食物中摄取营养外，准爸爸还要特别注意，在孕早期，要让孕妈妈多补充下列营养素。

叶酸 在孕早期，胚胎的主要器官正在发育，因此，孕妈妈除了维持正常且均衡的饮食外，还应注意多补充叶酸。叶酸如果缺乏的话，容易造成胎儿神经管闭合不正常，造成无脑儿、智力低下、脊柱裂等生理缺陷。

锌、铁、维生素 孕妈妈需要补充适量的营养素，如锌、铁、维生素A，能帮助孕妈妈预防贫血，也有利于胎儿神经系统发育。此外，足量的锌能保证孕妈妈避免因缺锌而导致的倦怠和早产情况。

营养专家告诉你

食补不足，叶酸片来补

叶酸补充剂比食物中的叶酸能更稳定高效地被人体吸收利用，因此，在以食补为主的基础上，适当补充叶酸制剂是很有必要的。

叶酸片主要用于纠正饮食中叶酸摄入不足的情况，但是不能脱离食物而完全依靠药物，任何一种营养素的补充都应以食物为基础。一般正常饮食的情况下，每天服用400微克的叶酸片或者复合维生素片即可满足一日的叶酸需求。

孕1月饮食要点

孕妈妈吃鱼好处多

孕妈妈多吃鱼，特别是海产鱼，能促进胎儿的脑部发育。因此，孕妈妈在日常膳食中应适当增加鱼类食物的摄入。

鱼含有的营养素如下	
微量元素	青鱼、沙丁鱼、鲐鱼等海鱼，可以通过食物链从浮游生物中获得微量元素，储存在脂肪中。
二十碳五烯酸（EPA）	二十碳五烯酸是一种对人体有益的脂肪酸，人体自身不能合成。它能在血管壁合成前列腺环氧，扩张螺旋动脉，将重组的营养物质输送给胎儿，促进胎儿在母体内的正常发育。
磷脂、氨基酸	鱼肉中含有较多磷脂、氨基酸，这对于胎儿中枢神经系统的发育会起到良好的作用。
二十二碳六烯酸（DHA）	二十二碳六烯酸是构成大脑神经髓鞘的重要成分，能促进大脑神经细胞的发育。孕妈妈多食富含DHA的鱼类，胎儿会更加聪明。

孕妈妈应多吃玉米

玉米中富含蛋白质、脂肪、糖类、维生素和矿物质等，孕妈妈适宜多食。

蛋白质 玉米中富含蛋白质，其中特有的胶质占30%，球蛋白和白蛋白占20%～22%。甜玉米中天冬氨酸和谷氨酸的含量很高，这些营养物质能促进胎儿的大脑发育。

孕妈妈尽量吃整个煮的玉米，能更好地保留玉米中的营养素，促进孕妈妈和胎儿的发育。

维生素 玉米中富含维生素，能防止细胞氧化、延缓衰老，对胎儿的智力发育有利。黄玉米中含有胡萝卜素，对孕妈妈和胎儿的视力有益。

膳食纤维 玉米中富含膳食纤维，有利于肠道的健康，有效消除便秘。

脂肪酸 玉米中的亚油酸、油酸等脂肪酸的含量很高，这些营养物质对胎儿的大脑发育有帮助。

孕妈妈应喝孕妇奶粉

怀孕是女性的一个特殊生理过程。一个微小的受精卵会在10个月内长成一个重2500～4000克的胎儿。孕妈妈需要储存50克钙质，其中胎儿需要30克。孕妈妈如果摄入钙的量不足，胎儿会从孕妈妈的骨骼中夺取，来满足生长需要，这容易使孕妈妈血钙水平降低。

要想让孕妈妈们保持充足的营养，又为胎儿健康成长提供必需的营养元素，同时还不过量饮食，避免肥胖，最好的办法就是喝孕妇奶粉。

品质好的孕妇奶粉含有孕产妇和胎儿必需的各种营养成分，如维生素和各种必需的微量元素等。每天喝一点孕妇奶粉是孕妇最佳的营养补充途径，并且方便有效。

孕妈妈做点"早生贵子"蜜吃吧

孕妈妈可以将红枣、花生米用温水浸泡后，用小火煮熟，再加些蜂蜜调匀。为了携带方便，应尽量将其熬至黏稠，分装到玻璃瓶中，放入冰箱冷藏能保质3天。每天带一点作为加餐。孕妈妈常吃，能有效预防和治疗贫血，让脸色红润起来。

孕妈妈要养成喝水的好习惯

对孕妈妈来说，正确的喝水习惯有利于母婴健康。孕早期每天摄入1000~1500毫升为宜，孕晚期每天1000毫升以内为宜。最好每隔两小时喝一次水，一天保证8次即可。此外，孕妈妈的饮水量还要根据孕妈妈活动量大小、体重等因素来增减。

孕妈妈喝水时，要慢慢喝，不要一次喝太多。

定时喝水，避免口渴才饮水

口渴是大脑中枢发出的补水求救信号，说明体内水分已经失衡了，最好将水杯放在眼前，想起来就喝一点，随时补充身体所需。

餐前空腹喝水

三餐前约1小时，应该适量喝点水，因为这时喝水，水能在胃内停留2~3分钟，然后进入小肠且被吸收到血液中，1小时左右即可补充到全身组织细胞，满足体内对水的需求，所以，饭前喝水很重要。

清晨一杯水

清晨是一天中补水最佳时机，因为经过长时间的睡眠，血液浓度提高，这时补水，可以降低血液浓度，促进血液循环，让人尽快清醒。更重要的是，清晨饮水可以刺激胃肠蠕动，预防孕期便秘。

睡前一杯水

人在睡眠时会自然发汗，且不能补水，造成水分和盐分的流失，所以很多人早晨起来时会感觉口干舌燥，所以，建议孕妈妈睡前半小时喝杯水，可以降低睡眠时尿液浓度，预防结石的发生。

运动后不要一次快速饮水

孕妈妈运动后会流失大量的水，但不建议快速饮水，建议孕妈妈在运动前、运动中、运动后补充水分，有利于补充身体流失的水分，且不会增加内脏的负担，保护身体健康。

孕妈妈宜喝的饮料

水是生命之源，是人体必需的六大营养素之一。孕妈妈对此要格外重视，可以从饮料或食物中来补充身体所需的水分。

白开水	饮用白开水是孕妈妈补充水分的主要方法。水经过煮沸消毒后干净卫生，有利于人体吸收，极少有副作用。孕妈妈要注意千万不能喝生水，防止腹泻或感染其他疾病。
矿泉水	矿泉水中含有许多微量元素，适宜孕妈妈经常饮用。
西瓜	夏天多吃点西瓜，既能补充水分，也能补充一些矿物质，消暑解热的效果也比较好。但是西瓜糖分较高，不宜过多食用。

孕妈妈不宜过量吃水果

很多孕妈妈喜欢吃水果，甚至把水果当成菜来吃，还认为这样既能补充维生素，也能让宝宝白净漂亮。但实际上，这种做法是不科学的。

水果和蔬菜都含有丰富的维生素，但两者所含的营养素还是有一定区别的。过多摄入水果而拒绝蔬菜，容易造成营养素摄入失衡。

此外，有些水果含糖分较高，摄入过多的话容易引发妊娠糖尿病。

孕妈妈不宜多喝的水

纯净水	纯净水属于纯水，没有细菌、病菌，但大量饮用，会带走体内大量的微量元素，进而降低机体的免疫力。
茶水	饮茶会引发孕妈妈的神经兴奋，导致孕妈妈睡眠不深、心跳加快、胎动加快等。此外，茶叶中所含的鞣酸会与食物中的钙、铁元素结合，成为一种不容易被吸收的物质，进而影响钙、铁的吸收，导致孕妈妈贫血，影响胎儿发育。
果汁	有些孕妈妈爱喝果汁，认为多喝果汁既可补充营养，且不会发胖，还可以让宝宝皮肤白嫩，甚至用果汁代替水。其实，这是不正确的。鲜榨果汁90%以上是水分，还有果糖、葡萄糖等，这些容易被身体吸收，进而导致孕妈妈体重增加，所以孕妈妈每天喝果汁以不要超过300毫升为佳。
久沸的水	久沸的水中亚硝酸根和砷等有害物质浓度相对增加，导致血液中低铁血红蛋白结合成无携氧功能的高铁血红蛋白，导致孕妈妈血液含氧量降低，进而影响胎儿的正常发育。

 营养专家告诉你

正常情况下，孕妈妈每天可以吃250克水果，如橘子、苹果或猕猴桃等。在不同的季节，可以选择如西瓜、番茄、草莓等，但最多一天不超过500克。

孕妈妈应少吃刺激性食物

一般来说，葱、姜、蒜、辣椒、芥末、咖喱粉等调味品，能提升食物的味道，促进食欲。

但是，这些刺激性的食物一般具有较重的辛辣味道，孕妈妈食用后，容易随着身体的血液循环进入胎儿体内，对胎儿造成不良的刺激。

另外，在怀孕期间，孕妈妈大多会呈现血热阳盛的状态，这些辛辣食物性质都属辛温，容易加重孕妈妈血热阳盛，从而导致口干舌燥、生口疮等。

孕妈妈不宜贪吃冷饮

冷饮对孕妈妈的肠胃不利。孕妈妈的肠胃对冷热的刺激非常敏感，多吃冷饮容易使胃肠道血管突然收缩，胃液分泌减少，消化功能降低，从而引起食欲不振、消化不良、腹泻等症状。

此外，腹中的胎儿对冷的刺激也很敏感，孕妈妈多吃冷饮会刺激到胎儿，使其躁动不安。

 孕妈问

怀孕了，是不是吃得越多越好？

产科医生答 并不是这样的。怀孕是一个生理过程，胎儿每天都在不断生长着，但并不是说孕妈妈一个人要吃两人份的食物。摄入过多的营养会增加孕妈妈胃肠道、肝脏、肾脏的负担。此外，如果一种食物吃得过多，容易影响其他食物的摄入，这样会造成营养不均衡，对胎儿的成长发育和孕妈妈的健康不利。

孕妈妈不宜多服温热补品

不少孕妈妈会吃些人参、桂圆之类的补品，认为这样有助于胎儿发育，让胎儿更聪明健康。其实，这类补品对孕妈妈和胎儿都是弊多利少，还有可能造成不良后果。

孕妈妈容易出现"胎火"。 一般来说，在怀孕期间，女性月经停止，全身会处于阴血偏虚、阳气相对偏盛的状态，如果孕妈妈还接着进补，容易出现"胎火"。

孕妈妈容易出现水肿和高血压。 一般来说，孕妈妈由于血容量明显增加，心脏负担加重，子宫颈、阴道壁和输卵管等部位的血管也处于扩张、充血状态，加上内分泌功能旺盛，分泌的醛固酮增加，容易导致水钠潴留而产生水肿、高血压等不良后果。

孕妈妈容易出现胃胀气、便秘。 孕妈妈由于胃液分泌量减少，胃肠道功能有所减弱，容易出现食欲不振、胃部胀气和便秘的现象。

孕妈妈常服温热补品容易引起各种不良症状。 孕妈妈如常服用温热性的补药、补品，容易导致阴虚阳亢，因气机失调、气盛阴耗、血热妄行，导致孕吐加剧、水肿、高血压、便秘等症状，甚至发生流产或死胎等。因此，孕妈妈不宜长期服用或随便服用人参、鹿茸、桂圆、鹿胎胶、阿胶等温热补品。

 营养专家告诉你

孕妈妈如果过量服用人参，容易加重妊娠呕吐、水肿和高血压现象，也容易引起流产。另外，胎儿对人参的耐受性很低，孕妈妈如服用过量，有造成死胎的危险。

适合孕早期多吃的食物

孕妈妈怀孕期间应摄入各种营养素，来满足自己和宝宝的身体需要。孕妈妈可多吃些营养丰富的鱼、肉、蛋等，但也不可忽略那些平时不被人注意的营养价值较高、对孕妈妈和胎儿都有益的食物。

食材	功效
水果	在胎儿生长发育过程中，维生素是不可或缺的。虽然蛋类、乳类、豆类、蔬菜中含有不少维生素，但容易在烹调过程中流失。而水果中富含维生素，且只需要洗净就能生吃了，避免了在加热过程中的损耗。所以，孕妈妈要多吃苹果、香蕉、猕猴桃、橘子、草莓、西瓜、红枣等水果
海鱼	海鱼中富含多种营养，如钙、碘、磷、铁等无机盐和微量元素。此外，深海鱼还含有DHA，DHA是脑细胞膜中磷脂的重要组成部分，对脑神经传导和突触的生长发育非常重要。因此，孕妈妈多食海鱼，能补充足量的DHA，促进脑神经元中突触的生长和传导的效能，维持脑细胞之间的高效联系，让宝宝更聪明。孕妈妈要多吃三文鱼、鳕鱼、金枪鱼、鲔鱼、沙丁鱼、鳗鱼等
鹌鹑	鹌鹑肉富含卵磷脂和脑磷脂，这两者是高级神经活动不可缺少的营养物质，对胎儿有很好的健脑功效
小米	小米有滋养肾气、健脾胃、清虚热等作用，营养价值高，孕妈妈适宜多食。小米可以用来蒸饭、煎小米饼、做小米面窝窝头、煮小米粥等
花生	花生是一种植物性高营养食物。中医认为，花生具有醒脾开胃、理气补血、润肺利水和健脑抗衰的功效，孕妈妈可以多食。需要注意的是，在吃花生时，不要去掉有利血功能的红色仁皮

食材	功效
芝麻	促进脑神经细胞发育。芝麻富含钙、磷、铁，同时含有优质蛋白质和近十种重要的氨基酸，这些氨基酸是构成脑神经细胞的重要成分。中医认为，芝麻有益髓、补血、补肝、益肾、润肠、通乳、养发的功能。孕妈妈适当吃些芝麻是很有必要的
黑木耳	黑木耳有益气、养血、健胃、止血、润燥、清肺、增智等功效，是滋补大脑和强身的佳品。黑木耳炖红枣具有止血、养血的功效，孕妈妈适合将此二者搭配起来经常食用
豆类	健脑，补充必需营养。豆类主要有大豆和大豆制品。豆类及其制品的营养价值高，具有健脑作用。孕妈妈可以适当吃些豆类及其制品，能补充人体必需的多种营养素，促进胎儿的大脑发育
核桃	防病健身，健脑益智。核桃含丰富的蛋白质和不饱和脂肪酸，较多的磷、钙和各类维生素，还含碳水化合物、铁、镁、硒等营养物质。中医认为，核桃能补肾固精、温肺止咳、益气养血、补脑益智、润燥化痰。孕妈妈多吃能强健身体，让宝宝更聪明
生姜	缓解妊娠呕吐，增进食欲。生姜中含生姜醇和姜烯酚，有明显的止呕作用。生姜中富含姜辣素，能刺激胃黏膜，促进肠胃功能。其所含的挥发性油类能增强胃液的分泌和肠壁的蠕动，从而帮助消化。孕妈妈没有食欲时吃几片姜片或在菜中放点嫩姜，能有效改善孕早期妈妈的食欲
牛肉	安胎益气，帮助宝宝神经发育。牛肉富含锌，能增强孕妈妈的免疫力，也会促进胎宝宝的神经系统发育。牛肉含有较多蛋白质，其氨基酸接近人体需要，能提高机体抗病能力，孕妈妈多食牛肉，具有安胎益气、滋养脾胃、强健筋骨的功效
香蕉	镇静安神，愉悦情绪。香蕉富含能安抚神经的氨基酸，能缓解紧张的情绪，也能起到镇静安神、帮助睡眠的作用。香蕉中含有5-羟色胺物质，能让人的心情变得愉悦，减轻疼痛和忧郁

推 荐 菜 谱

孕妈妈营养美味菜

韭菜炒绿豆芽 开胃有营养

材料 绿豆芽400克，韭菜100克。

调料 盐、葱末、姜丝、植物油各适量。

做法

1. 绿豆芽掐头去尾，洗净，沥干；韭菜洗净，切段待用。

2. 炒锅置火上，倒油烧热，用葱末、姜丝炝锅，爆香后倒入韭菜段、绿豆芽，调入盐翻炒均匀即可。

营养指南 韭菜含膳食纤维较多，能促进肠道蠕动，保持大便通顺；绿豆芽含有丰富的维生素C，这两种食材放一起能促进肠胃消化，增强食欲。

苦瓜炒蛋 清热败火

材料 鸡蛋3个，苦瓜200克。

调料 植物油、香油、盐各适量。

做法

1. 苦瓜洗净，去蒂除籽，切片，焯水，捞出沥干，放盐腌渍，挤去水分。

2. 鸡蛋打入碗中，加盐搅拌均匀。

3. 锅内倒入植物油烧至四成热，倒入蛋液，翻炒至鸡蛋呈块状，倒入苦瓜翻炒，淋上香油调味即可。

营养指南 苦瓜含有的苦味素具有清热凉血、去心火、利小便的功效，对于心火旺盛的孕妈妈来说，吃这道菜可以去火、清热、静心。

孕2月 | # 少食多餐

孕周	胎儿的发育	孕妈妈的变化
第5周	胎儿心脏及循环系统开始分化形成，脐带开始供给胎儿营养 两条主心血管开始收缩，脑部和脊椎开始形成	出现恶心、疲惫以及尿频等症状
第6周	视囊，也就是后来会形成眼睛的地方，开始发育，四肢的芽体开始出现，可以区分出胎宝宝的头部、胃部和臀部了 肝、肺和心脏开始形成，血液循环开始运作了	孕吐、疲劳和尿频变得更加明显 偶尔会有乳房发痒并感到心口疼痛 排便习惯发生变化，会出现便秘和痔疮等
第7周	做B超检查时，能听到胎心搏动 心脏变得饱满，大脑半球正在逐渐成形 眼珠开始发育并长出一个黑点	可能有严重的孕吐症状，胸部开始出现变化，乳头的颜色稍微变深，乳腺也变得发达起来 如果情绪波动很大，可能就会影响胚胎的发育并导致腭裂或唇裂
第8周	胎儿有了嗅觉，眼球里色素含量增高，四肢变长 颈部开始发育，下肢的芽体分化为大腿、小腿和小脚，上肢的芽体分化为手、胳膊和肩膀	子宫的体积不断扩大，体重也有所增加 下腹部、肋部和腿部不时出现疼痛的感觉 乳腺发达，孕妈妈会感觉到胸部变得更加丰满

本周注意事项	饮食注意事项	适合孕2月食用的食物
不要随意吃中药和营养品 孕吐严重时询问医生 确认是否有宫外孕的情况	选择可以预防和减轻孕吐、贫血等症状的食物 注意摄取充足的水分 均衡营养，避免出现营养不良和脱水等情况 食用富含维生素的食物	各种蔬菜水果，如番茄、胡萝卜、茄子、白菜、葡萄、橙子 开胃健脾的食物，如苹果、鲈鱼、白萝卜、白菜、冬瓜、山药、红枣等 富含矿物质的食物，如枸杞、杏仁等 富含钙质的食物，如乳制品、绿色蔬菜和豆腐等 含锌量较高的食物，如海产品、肉类和牛奶等
第一次接受产检时需要带上自己的病历，还要仔细告诉医生自己过去是否有自然流产或人工流产的经历，家族病史如何，以及正在服用的药物等 及时补充水分，缓解便秘症状		
如需用药，要在医生的指导下进行 怀孕初期，流产的可能性很大，最好避免同房，如有进行要格外注意体位的选择		
这段时间孕妈妈比较容易流产，应尽量避免搬运重物或做剧烈运动 胎儿会形成脑及内脏，千万避免接触X射线		

孕妈妈的营养状况

怀孕前3个月体重平均增长1~2千克，如果孕吐严重不能正常进食，要想办法保证营养的摄入，不能想当然认为自己应该大量进食。以体重的变化来判断胎儿的健康状况是不可取的。

孕2月营养饮食方案

在怀孕的第2个月，胎儿还不需要过多营养，孕妈妈保持正常饮食即可，适当增加些优质蛋白，以满足胎儿的正常需要。

1. 吃点能够减轻呕吐的食物。如果孕妈妈有轻微恶心、呕吐现象，可以多吃点能减轻呕吐的食物如烤面包、饼干、米粥等。脱水加工食品能缓解孕妈妈恶心、呕吐的症状，稀饭能补充因恶心、呕吐而失去的水分。为了克服晨吐，孕妈妈可以在床边准备一杯水、一片面包、一小块水果、几粒花生米，少量进食能帮助抑制恶心。

2. 多吃富含淀粉的食物。孕妈妈不妨多吃一些富含淀粉的食物，能提供身体必需的能量。

3. 不必勉强吃脂肪类食物。由于早孕反应，孕妈妈吃不下脂肪类食物也不要勉强自己，可以通过食用豆类、蛋类、乳类食品来补充。

孕2月重点营养素

孕2月，胎儿的神经系统、内脏、五官、四肢等器官都会形成雏形，孕妈妈要注意补充叶酸及其他维生素，矿物质、蛋白质、脂肪等营养素。

1. 优质蛋白质

孕2月，胎儿还比较小，发育过程中不需要大量营养素，不必增加热量的摄入。孕妈妈正常进食，并适当增加些优质蛋白即可。蛋白质每天的供给量应以80克为宜。

2. 维生素

叶酸、B族维生素、维生素C、维生素A等营养素是胎宝宝正常发育必需的营养物质。孕妈妈要多食新鲜的蔬菜、谷物和水果等。

3. 水分

早孕反应严重，剧烈呕吐容易引起人体水盐代谢失衡，孕妈妈需要注意多补充水分。

4. 矿物质

这一时期，胎儿正处于重要器官的发育阶段，孕妈妈要适量补充一些微量元素，多吃如核桃、芝麻等干果，有助于胎儿的大脑发育。

脂肪是维持孕妈妈身体健康的必需营养素，如果吃不下脂肪类的食物，可以多吃些豆制品，也能补充脂肪，满足身体所需。

孕2月一日参考食谱举例

餐次	用餐时间	食谱举例
早餐	7：00~8：00	豆浆250克，白糖10克，馒头1个，煮鸡蛋1个
加餐	10：00	橘子1个，酸奶150毫升
中餐	12：00~12：30	米饭100克，清炖鸡汤（鸡1只），青椒炒肉丝（青椒100克、瘦肉60克），拌芹菜（芹菜100克）
加餐	15：00	柚子150克或柑橘100克
晚餐	18：00~18：30	花卷1个，香椿拌豆腐（豆腐80克，香椿40克），鸡蛋炒蒜苗（蒜苗100克，鸡蛋50克），虾皮紫菜汤（虾皮10克，紫菜10克）
加餐	21：00	牛奶250克，饼干50克

准爸爸必修课：做好后勤保障工作

怀孕后，孕妈妈的身体容易出现各种不适，这时就需要准爸爸来为孕妈妈做好充分的后勤保障工作了。

1. 调节孕妈妈的情绪。将室内环境布置得更加美观，放几张漂亮的宝宝画像，或摆放几盆花卉盆景，增加点大自然的气息，能陶冶情操。准爸爸还应鼓励孕妈妈适当参加锻炼，如在不影响胎儿的同时做孕妇瑜伽，既可调节情绪又能保持体形。

2. 主动承担家务劳动。怀孕初期，孕妈妈身体多有不适，一些家务，如洗衣服、做饭等就应该由准爸爸来承担了。

洗衣。怀孕期间，由于体内激素分泌的变化，孕妈妈特别爱出汗，准爸爸在清洗孕妈妈的衣服，尤其是内衣裤时，最好能高温消毒。

做饭。准爸爸要仔细挑选食物，注意营养均衡，满足孕妈妈和胎儿的身体需要。

准备合适的卧具。枕头最好以9厘米高为宜。过高会迫使颈部前屈而压迫颈动脉。理想的被子最好是全棉布包裹的棉絮。最好不要用化纤纺织物做被套或床单，容易刺激皮肤，引起瘙痒。

3. 做好情绪胎教工作。宝宝是准妈妈和准爸爸的爱情结晶。准爸爸要多陪伴孕妈妈，可以一同到空气清新的公园、树林或田野散步，或在周末的下午晒晒太阳。准爸爸还要用幽默的语言让孕妈妈快乐起来。

4. 克制性冲动。孕早期，胎儿在子宫里住得还不是很踏实。准爸爸要抑制性冲动，因为如果孕妈妈处于性高潮，会有强烈的子宫收缩，这样会加大流产的风险。因此，孕早期应禁止同房，保证胚胎顺利安全地发育成长。

孕2月饮食要点

孕妈妈常备小零食

　　孕早期，孕妈妈应少食多餐，均衡营养。身边常备一些小零食，也是保证孕妈妈营养需要的重要方式。

核桃能补脑健脑。此外，核桃富含磷脂，能增强细胞活力，提高机体抵抗力，促进造血和伤口愈合。

杏仁有降气、止咳、平喘、润肠通便的功效，对于预防孕期便秘有很好的效果。但不宜一次食用过多。

核桃　　杏仁　　榛子　　花生

榛子中含不饱和脂肪酸，并富含磷、铁、钾等矿物质，还富含维生素A、维生素B$_1$、维生素B$_2$、叶酸等，常食有明目健脑的功效。

花生中蛋白质的含量高达30%左右，且易被人体吸收。花生的红色仁皮有补血功能，孕妈妈最好带着红色仁皮一起吃。

孕妈妈宜多食能减轻早孕反应的食物

　　这个月，孕妈妈开始有比较大的早孕反应，如烦躁不安、食欲差，这时就应多吃能健脾开胃的食物，如香蕉、苹果、糍粑、石榴、米汤、红豆汤、鸭蛋、鲈鱼、白菜、冬瓜、红枣等。在止呕时，多吃牛奶或水果等来保证水分的摄入。

　　此外，孕妈妈应坚持少食多餐。妊娠反应带来的恶心、厌食等会大大影响孕妈妈的正常饮食，可以通过变化烹饪方法和食物种类进行调节，少食多餐，保证营养。

多食富含维生素E的食物

　　维生素E又称生育酚，能有效防止孕期流产。富含维生素E的食物有杏仁、杏仁油、葵花子、玉米油、核桃、棉籽油、花生油、小麦胚芽、榛子、花生、全麦面粉等。

素食孕妈妈宜多摄入磷脂

食物中的磷脂需要在脂质的环境下才能被吸收，但很多素食中不含有磷脂，这样就很难保证胎儿中枢神经系统的完善发育。所以，素食孕妈妈至少要吃一些油类植物，如坚果、大豆等，在怀孕期间充分地摄入各种营养。

嗜酸的孕妈妈要注意节制

如果孕妈妈喜欢酸味食物，可以选择天然的酸味食物吃，如杨梅、橘子、番茄等酸味水果；也可以喝酸奶，或将酸奶与果汁、水果混合食用。孕妈妈不宜经常食用腌制的酸味食物，因为其中含有较多的亚硝酸盐，而且为了提味，加了大量的盐、鸡精等，对孕妈妈都不适宜。

孕妈妈应远离咖啡因

一般来说，在得知自己怀孕后，大部分孕妈妈都能自觉地远离烟酒，但在咖啡方面却比较含糊。虽然一天喝1杯淡咖啡也没有什么害处，但由于咖啡因会影响铁的吸收，长年累月会引起贫血。一天喝4杯浓咖啡的孕妈妈一定要节制。

此外，可乐中也含有咖啡因，被人体吸收后会引起兴奋或忧郁，使情绪上下起伏不定，这种情绪上的落差，对孕妈妈和胎儿都是不利的。因此，爱喝可乐等碳酸饮料的孕妈妈可以考虑用橘子汁来代替。

孕妈妈不宜食肉过多

研究者通过对母体的分析发现，孕妈妈如果在孕期进食大量肉类、披萨、豆类及土豆等，而很少吃水果，胎儿发生唇裂或腭裂的风险会增加一倍。建议摄入食物类型多样，保持营养均衡，包括鱼类、大蒜、坚果、蔬菜等。

孕妈妈不宜多食油条

制做油条的过程中，需要加入一定量的明矾。明矾是一种含铝的无机物，进食过量对人的大脑极为不利。如果孕妈妈每天吃两根油条，就等于吃进了3毫克明矾，这样蓄积起来，其摄入的铝是惊人的。这些明矾中的铝通过胎盘进入胎儿的大脑，容易造成胎儿大脑障碍，影响宝宝的智力发育。

 孕妈问

我这段时间老是喜欢吃酸的食物，为什么会这样？

产科医生答 这是因为受精卵在子宫腔内着床时，就开始分泌一种抑制胃酸分泌的物质，使消化酸的活性大大降低，这会影响孕妈妈的正常消化功能，从而出现恶心、呕吐和食欲不振等症状。这时，吃点酸性食物，能刺激胃酸分泌，提高消化液的活性，帮助消化，提高食欲。

需要注意的是，酸性食物不能过量，否则不仅会影响孕妈妈的身体酸碱平衡，还有可能危及胎儿。

巧妙应对孕吐

孕吐从何而来

这个月，恶心、厌食、挑食、呕吐、乏力等症状会越来越明显。这主要是因为孕妈妈的体内进行了一场大的"变革"——受精卵在子宫内膜着床。孕妈妈体内血液中绒毛膜促性腺激素水平升高，还分泌出溶蛋白酶溶解子宫内膜，受精卵囊胚由此植入子宫内膜，这些激素和子宫内膜溶解后，使孕妈妈产生正常的生理反应。

吃掉孕吐

1.有的孕妈妈早孕反应比较强烈，没有一点胃口，吐得浑身乏力，日渐消瘦。实际上，妊娠孕吐与精神状况有很大关系，如果怀孕以后坚强乐观，想一想怀孕的美妙，做母亲的幸福，遇到苦难后有坚强的勇气，症状自然就会减轻。

2.此时应少食多餐，可以选择清淡可口、容易消化的食物，如烤面包、饼干、大米稀饭或小米稀饭等。孕妈妈可吃些碳水化合物和蛋白质混合的小餐，但不要选择有刺激性的东西和精制糖块等。

3.吃饭时，要细嚼慢咽，刚吃完饭不要马上躺下。

4.早晨起床前吃少量食物对减轻孕吐也有一定帮助。

5.食物烹调要多样化，孕吐严重、脱水的孕妈妈要选择含水分多的食物，如各种新鲜水果、蔬菜等。

6.有的孕妈妈会喜欢吃辣味、酸味的食物，烹调食物时，可以加点姜、辣椒、紫苏、紫菜等，使食物具有一定的刺激性，帮助提高食欲。但需注意，食用过多会刺激胎儿。

7.孕妈妈在怀孕期间，对气味非常敏感。由于冷食比热食气味小，并能抑制胃黏膜病态兴奋，所以不少食物可以等稍放凉后再吃。此外，可以适量摄入冰糕、冰激凌等。

呕吐的紧急应对策略

1.避开让孕妈妈感到不适的食物和气味。

2.孕妈妈在难受的时候，可以通过口含姜片，用橙皮煎水饮用，煮清香的竹叶水喝，做藿香粥吃等方式来抑制恶心。

孕妈妈营养美味菜

香菇滑鸡粥 *缓解疲劳*

材料　大米、鸡胸肉各100克，鲜香菇80克，生菜20克，蛋清1个。

调料　盐、香油、淀粉各适量。

做法

1. 大米洗净；香菇洗净，切片；鸡胸肉洗净，切丝，加蛋清、淀粉抓匀，腌渍5分钟；生菜洗净，切丝。

2. 大米放入高压锅中，加水大火烧开，转小火煮20分钟，然后将香菇、鸡胸肉放入锅内，再煮3分钟，最后放入生菜关火，加盐、香油调匀即可。

营养指南 这款粥加入鸡肉制作而成，鸡肉可缓解疲劳、提高免疫力，且脂肪含量低，适合孕早期常感到疲惫的孕妈妈经常食用。

豆芽椒丝 *减轻孕吐*

材料　绿豆芽200克，青椒50克。

调料　白糖、盐、香油各适量。

做法

1. 绿豆芽择洗干净，入沸水中焯透，捞出，沥干水分，晾凉；青椒洗净，去蒂除籽，切丝。

2. 取盘，放入绿豆芽和青椒丝，用白糖、盐和香油调味即可。

营养指南 青椒、红椒、绿豆芽都含有丰富的维生素C，常食有利于减轻孕吐症状。

孕3月 # 营养均衡

孕周	胎儿的发育	孕妈妈的变化
第9周	视网膜的神经细胞开始生成，面部肌肉和上嘴唇也进入了发育阶段 长出了手指和脚趾，连接头和身躯的颈部变得清晰可见	腰部开始变粗，子宫长到了葡萄柚的大小 乳房下部有可能会出现静脉曲张的情况
第10周	双眼逐渐向脸部中央移动，肠胃也达到其最终的位置上 女宝宝长出了阴蒂，卵巢也在慢慢开始发育	腹部逐渐开始显现 乳房的重量有一定程度的增加
第11周	颌部逐渐形成，颈部长度增加，外部生殖器也变得十分明显了 开始长出牙齿，也形成了皮肤毛囊	子宫几乎占据了骨盆，耻骨上面的下腹部发生感觉上的变化 随着血液供给量的上升，可以观察到乳房附近的静脉呈青色
第12周	软骨组织进一步成形 随着内部生殖器的生长，已经能分辨出胎儿的性别了	由于产生了羊水，所以身体的重量进一步增加，肋部、臀部和腿部逐渐变得丰满 乳房继续增大，可能有长时间的疼痛感，在重量增加的同时也变得柔软起来

本周注意事项	饮食注意事项	适合孕3月食用的食物
充分摄取各种蔬菜和水果，注意摄入足够的铁、纤维素和叶酸 避免热水浴和桑拿，还要防止电磁波等因素对胎儿造成的伤害	多吃一些能帮助脑和心脏发育的食物 富含叶酸的食物，如菠菜和生菜等	富含纤维素的食物，如芹菜、韭菜、菠菜、豆角、豆芽、胡萝卜等

多摄取低脂肪肉类、鱼肉、鸡蛋和坚果来补充蛋白质 坚持适量运动 保证饮食均衡	避免发生营养不良和脱水等情况 摄入蛋白质和铁元素含量充足的食物，对宝宝的脑部发育至关重要	富含蛋白质的食物，如口蘑、松蘑、猴头菇、芸豆、绿豆、蚕豆、牛蹄筋、海参、贝类、牛奶等

通过B超检查能得知胎宝宝的大小和成长速度 如果胎盘存在异常，通过B超就能发现 产前遗传病诊断确保生个健康宝宝	多食富含纤维素的食物，以防止便秘	富含铁元素的食物，如海带、紫菜、黑木耳、牛肉、猪肝、蛋黄等

生活中，要注意防止发生跌倒和受伤等意外 注意控制体重，避免体重过快增长，保证铁和钙的摄入 产前检查保障母子平安		

孕妈妈的营养状况

怀孕3个月，孕妈妈的外形不会有明显改变，增加的体重可能自己也不易察觉，也有些孕妈妈到了第3个月体重非但没有增加，反而呈现出下降的趋势。

这一阶段，导致体重下降的原因有很多。一方面，怀孕前体重越重，此时增加的体重就会越少。另一方面，身体的变化需要更多的热量，如果孕妈妈的饮食没变，体重多半会下降一些，这是优先为胎儿提供营养的结果。

此外，孕早期出现的食欲不振和孕吐症状，也会引起体重下降。

孕3月营养饮食方案

在怀孕的第3个月，胎儿进入快速生长发育期，孕妈妈的营养非常关键。

1.枸杞子、杏仁都富含钙、磷、钾、锌等微量元素，不仅能补充微量元素，还能增强机体的免疫力，宜多食。

2.在妊娠反应强烈的孕3月，孕妈妈的膳食最好以清淡、易消化吸收为主，可以食用一定量的粗粮，如小米、玉米、红薯等。

营养专家告诉你

孕妈妈想吃厚味食物时，可以选择红肉烹制；想吃清淡的就选择鱼、虾等清蒸、清炒；如果什么肉都吃不下去，可以选择口蘑、鸡腿菇等菌类，来补充蛋白质和必需的氨基酸。

3.孕妈妈尽量选择自己喜欢的食物，不必刻意多吃或少吃什么。少食多餐，能吃就吃，进食的嗜好比孕前有所改变也不必忌讳。

4.如果孕妈妈妊娠反应严重影响到正常进食，可以在医生的指导下适当补充复合维生素。同时，为了保证蛋白质的摄入量，在有胃口的时候可多食用些奶类、蛋类、豆类食物。

孕3月重点营养素

1. 蛋白质
蛋白质是孕妈妈需要大量摄入的营养物质。蛋白质又分为植物蛋白和动物蛋白，可以从肉、蛋、奶类中摄取。

2. 碳水化合物
碳水化合物是必须要摄取的物质。此外，脂肪酸、维生素、钙、磷等营养素能促进胎儿大脑和骨骼发育，孕妈妈应保证充足的摄入量。

3. 维生素 B_6
维生素B_6在麦芽糖中含量最高，每天吃1~2勺麦芽糖不仅可以防止早孕反应，帮助抑制孕吐，还能使孕妈妈保持精力充沛。不过不能多食，一方面因为麦芽糖有回乳的作用，另一方面含糖量高，多食对孕妈妈的健康不利。富含维生素B_6的食物还有香蕉、马铃薯、黄豆、胡萝卜、核桃、花生、菠菜等植物性食物，动物性食物中以瘦肉、鸡蛋、鱼等含量较高。

4. 镁

镁不仅对胎儿肌肉的健康发育至关重要，还能促进骨骼发育。孕早期，如果镁摄入不足，会影响到胎儿以后的身高、体重和头围大小。孕妈妈可以多食绿叶蔬菜、坚果、大豆、南瓜、甜瓜、香蕉、草莓、葵花子和全麦食品等，来保证镁的摄入。

5. 维生素A

维生素A参与胎儿生长发育的全过程，对胎儿皮肤、胃肠道和肺部发育尤其重要。由于孕早期胎儿自己还不能储存维生素A，因此一定要及时补充足够的维生素A。可以多食甘薯、南瓜、菠菜、芒果等。

孕3月一日参考食谱举例

餐次	用餐时间	食谱举例
早餐	7：00~8：00	米粥1碗，花卷1个，煮鸡蛋1个，凉拌白菜叶（白菜叶100克）
加餐	10：00	猕猴桃1个，酸奶150克
中餐	12：00~12：30	拌莴笋丝（莴笋100克），糖醋黄鱼（黄鱼100克），扒银耳（银耳50克），酸辣猪血豆腐汤（猪血50克，豆腐50克），米饭（100克）
加餐	15：00	消化饼2片，橘汁1杯
晚餐	18：00~18：30	蘑菇炖豆腐（蘑菇80克，豆腐50克），海米芹菜（芹菜100克，海米适量），清蒸鱼（带鱼100克），蛋黄莲子汤（蛋黄1个，莲子20克），面条1碗
加餐	21：00	牛奶200毫升，麦麸饼干2片

准爸爸必修课：在按摩中让孕妈妈放松

由于孕妈妈体内多了个小宝宝，内分泌也会随之发生变化，情绪波动大，容易紧张、焦虑不安。准爸爸要学着帮孕妈妈按摩，既能促进血液循环，减少不适的感觉，也能让孕妈妈和胎儿感受到准爸爸的暖暖爱意。准爸爸不会按摩也不要紧，跟着我们来学习简单的按摩法吧。

按摩手法

双手放在孕妈妈头部两侧轻压一会儿，能帮助放松，然后用手指轻揉整个头部。双手放在孕妈妈的下巴中央，然后向上扫至太阳穴。

注意事项

在按摩前，准爸爸要将双手洗净。睡前按摩，能帮助孕妈妈松弛神经，改善睡眠。按摩的时间长短应根据孕妈妈的需要，一般每个部位按摩10分钟左右。

孕3月饮食要点

孕妈妈宜多食能促进母婴健康的食物

蜂蜜　促进睡眠，预防便秘

黄豆芽　促进胎儿组织器官建造

鱼类　促进胎儿脑细胞膜的生长发育

冬瓜　性寒味甘，水分丰富，能止渴利尿

西瓜　清热解毒、利尿消肿，帮助消除下肢水肿

海带　促进胎儿脑部发育，让宝宝更聪明

苹果　促进脑部发育并预防胎儿畸形

鸡蛋　营养成分全面而均衡，对胎儿的大脑发育非常有益

芹菜　帮助孕妈妈降低血压，防治妊娠高血压综合征

孕妈妈每天吃1～2个鸡蛋为宜

　　鸡蛋的营养构成特别符合胎儿生长发育的需要。鸡蛋中的蛋白质含有各种必需氨基酸，一个中等大小的鸡蛋与200毫升牛奶的营养价值相当，不仅有益于胎儿大脑发育，而且能提高孕妈妈产后的母乳质量。但是，鸡蛋多吃不利于消化，建议每天食用1～2个。

营养专家告诉你

平衡膳食歌
蔬菜为主粮食杂，多吃水果和地瓜。
天天不离豆制品，常喝牛奶补钙佳。
少吃肥油油炸品，常吃瘦肉鱼禽虾。
食量体力要平衡，超量进食智商差。
少吃限量抗衰老，科学实验不掺假。
饮食过量肝硬化，一日三餐食盐寡。
生熟刀板要分开，餐具消毒天天刷。

孕妈妈营养补充的小窍门

女性怀孕后，为了胎儿的健康成长，要特别注意营养的补充。但是补充营养不可盲目，要注意以下几个方面：

1.不要过多增加主食，应增加副食品的种类和数量，尤其是注意摄入足够的蛋白质和营养物质。

2.饮食多样化，避免挑食、偏食，注意营养全面均衡。

3.饮食要根据孕妈妈的具体情况，因时因地安排，满足不同人的不同需求。

4.常吃精米、精面的孕妈妈应多补充B族维生素，而常吃杂粮和粗粮者不需刻意补充。

5.多食新鲜蔬果。

6.不喜欢吃肉、蛋、乳制品的孕妈妈，可以通过多吃豆类食物来补充优质蛋白。

孕妈妈多摄入"脑黄金"

DHA和脑磷脂、卵磷脂等物质被称为"脑黄金"。"脑黄金"对孕妈妈有益，也能促进胎儿的大脑发育，让宝宝更聪明。

预防早产，增加宝宝出生时的体重。服用"脑黄金"的孕妈妈孕期较长，比一般孕妈妈的早产率下降1%，产期平均推迟12天，宝宝出生时体重平均增加100克。

保证胎儿大脑和视网膜的正常发育。人的大脑中65%是脂肪类物质，其中DHA是脑脂肪的主要成分。它们能促进胎儿的大脑，特别是神经传导系统的生长和发育。

孕妈妈应多食抗辐射的食物

孕妈妈的生活中总少不了与电脑、电视、手机等打交道，这些电子产品产生的辐射不利于胎儿健康。孕妈妈在注意远离这些电磁辐射的同时，也要多吃些抗辐射的食物。

橘子

橘子中含有170余种植物化合物和60余种黄酮类化合物，这些大都是天然的抗氧化剂，其抗氧化剂含量名列所有柑橘类水果之首，可显著增强人体免疫力，有效对抗电磁辐射。

绿茶

茶叶中含有丰富的维生素A原，它在体内能迅速转化为维生素A。维生素A不但能合成视紫红质，还能消除电脑辐射的危害，起到保护和提高视力的作用。

大蒜

科学研究表明，大蒜的抗氧化作用甚至优于人参，孕妈妈适量吃些大蒜有助于减少辐射损伤。

黑木耳

黑木耳中的胶质有助于清除孕妈妈消化系统内的毒素、杂质及放射性物质，将它们吸附集中起来排出体外，从而起到清胃、涤肠、防辐射的作用。

番茄

实验证明，番茄中的番茄红素通过消灭侵入人体的自由基，在肌肤表层形成一道天然屏障，能够有效阻止外界紫外线、电磁辐射对孕妈妈的伤害。

孕妈妈要摄入足够的热能

孕妈妈在怀孕期间的能量消耗要比之前增加，对热量的需要会随着妊娠的延续而增加。因此，孕妈妈在孕期要保证充足的热量供应。

如果孕妈妈怀孕期间热量供应不足，就会动用母体内储存的糖原和脂肪，容易导致孕妈妈消瘦、精神不振、皮肤干燥、骨骼肌肉退化、体温降低、抵抗力减弱等。如果胎儿消耗过多的母体葡萄糖，会导致母体供应不足，容易引起酮血症，影响胎儿的智力发育，能量摄入量少还容易导致宝宝出生时体重不足。

因此，孕妈妈要摄入足够的热量，重视碳水化合物的摄入，维持血糖正常水平。孕妈妈需要的热量是由各种食物中富含的蛋白质、脂肪和碳水化合物产生的。

营养专家告诉你

富含碳水化合物的食物有玉米、黄豆、绿豆、红豆、土豆、白薯、蚕豆、卷心菜、洋葱、紫菜等；富含蛋白质的食物有鱼、肉、蛋、奶、禽等和豆类及豆制品。脂肪一般存在于动物油、植物油和肉类中。

不宜食用易致敏的食物

孕妈妈如果食用了过敏食物，不仅可能会导致流产，还有可能导致胎宝宝畸形。下面给孕妈妈介绍几个避免食物过敏的小妙招。

1.在以前的饮食中，如果对某种食物过敏，孕期最好不要食用。

2.不要食用已经变质或发霉的食物，否则其中的霉菌素容易造成胎儿染色体发生断裂或畸变，导致胎儿先天性发育不良，引发多种疾病。

3.一些易致敏的食物不要吃，如虾、蟹、贝壳类食物及辛辣刺激性食物。

4.在食用某种食物后，如出现全身发痒、荨麻疹、心慌、气喘、腹痛、腹泻等，就要将该食物列入禁食名单。

5.在食用动物肝、肾及蛋类、奶类、鱼类食物时，应烧熟煮透后再食用。

孕妈妈不宜节食

一些年轻的孕妈妈怕怀孕发胖，影响体形，或怕胎儿太胖，导致生育困难，因此节制饮食，尽量少吃。殊不知，这种做法对胎儿的健康十分不利。

女性在怀孕后，子宫需要增重760克，乳房要增加到450克，还需要储备脂肪4500克，胎儿重量3000～4000克，胎盘和羊水重900～1800克，总之，孕期要比孕前增重约11千克，这需要补充很多营养物质，所以孕妇体重增加、身体发胖都是必然的，不必担心和刻意控制。孕妈妈和胎儿都需要营养的支撑，节食对二者的健康都不利。

孕妈妈不宜食用方便食品

有的孕妇喜欢吃方便面、饼干等方便食品，这对孕妈妈和胎儿都是不利的。

在孕早期，要形成良好的胎盘，特别需要脂肪酸。如果孕妈妈食用过多方便食品，就容易导致营养不良，脂肪酸摄入不足影响胎儿的正常发育，造成新生儿发育体重不足。

孕妈妈眩晕巧调养

孕妈妈蹲坐一段时间后，猛然站起来时，常会出现眩晕的情况。这主要是由于血管运动神经功能迟钝所致。当孕妈妈站立时，双脚的血液堆积，再加上子宫的血液供应量增加，相对地引起脑部供血不足，从而出现眩晕。

调养方法

1.当孕妈妈感到头晕眼花时，应立即躺下来休息，可能的话，让头部平卧并稍微抬高双腿。

2.孕妈妈平时应避免长时间站立，蹲坐后起身时，应动作缓慢。

3.孕妈妈在热水浴后更要小心，避免因眩晕而发生跌倒。

眩晕调养方

川芎白芷炖猪脑

材料 猪脑1个，川芎10克，白芷10克。

调料 生姜1片，盐适量。

做法

1. 将猪脑的红筋挑去，洗净，切成小块，放入炖盅内，加入生姜片。

2. 将川芎放入炖盅内，注入滚水至八成满，盖上盅盖，隔水炖3.5小时左右，便可调味食用。

营养指南 这道炖品有息风镇痛的功效，适合经常觉得头晕眼花、头痛的孕妈妈。需要注意的是，猪脑较肥腻且难消化，孕妈妈最好只饮汁水，不要吃猪脑。

北芪煲牛肉汤

材料 北芪10克，牛肉500克，花生20克，红枣、去心莲子各15克。

调料 姜2片，陈皮10克，盐适量。

做法

1. 花生洗净，浸泡半小时；红枣、陈皮、莲子洗净。

2. 北芪洗净，放入煲汤袋中；牛肉洗净，切块，放入开水中煮一下，洗净沥干。

3. 将北芪、牛肉、花生、红枣、莲子、姜片和陈皮放入砂锅中，加1.5～1.6升的水，用中火煲约1小时，转用小火煲1.5小时，最后加适量盐调味即可。

推 荐 菜 谱

孕妈妈营养美味菜

香椿豆 使胎儿更聪明

材料 香椿芽50克，泡发黄豆150克。

调料 盐3克，醋4克。

做法

1. 香椿芽冲洗干净，放入加盐的沸水中焯烫一下，捞出放入冷水中冲凉，沥干水分。

2. 将放凉的香椿芽切碎；将泡好的黄豆煮熟，晾凉，然后与香椿芽混合，加入盐、醋调味即可。

营养指南 整粒黄豆可为孕妈妈提供膳食纤维、卵磷脂、钙、大豆异黄酮等成分，有润肠通便、提高免疫力、补钙、健脑益智的作用，能促进胎儿大脑的发育。加入香椿芽，口感清香，促进食欲。

蛤蜊蒸蛋 提高免疫力

材料 鸡蛋2个，蛤蜊10个，草菇2朵。

调料 高汤、红椒丁、葱花、盐、香油各适量。

做法

1. 草菇去柄，洗净切末；蛤蜊泡水吐沙。

2. 鸡蛋磕入蒸碗中搅匀，放入盐和适量的水拌匀，再加草菇、蛤蜊，移入蒸锅中，小火蒸约10分钟取出。

3. 锅中倒入高汤、盐、红椒丁、葱花烧开，淋上香油，倒在蒸好的蛋上即可。

营养指南 鸡蛋能提供优质蛋白；蛤蜊是高蛋白、高微量元素、高铁、低脂的食物，营养价值非常高；草菇能增强身体抵抗力，三者搭配食用有利于提高孕妈妈身体的免疫力。

孕中期营养
尽情享受美味

经过了忐忑不安的孕早期，终于到了比较舒服的孕中期了。此时，孕妈妈已经渐渐适应孕期身体的各种变化了，妊娠反应逐渐减轻，食欲慢慢好转，也更加有活力。

在孕中期的这4个月，胚胎相对来说比较稳定，胎盘已经形成，流产的危险大大降低。孕妈妈和胎儿都进入比较安定的时期。在孕中期，胎儿的各个身体器官成长发育较快，是补充营养的最佳时期。

孕中期营养要点

孕中期 4~7月

孕中期生理特点

孕中期是指怀孕的第4~7个月。在孕中期，胎儿各器官、系统迅速增殖。从怀孕的第4个月开始，胎儿体重增长很快、骨架发育成熟，至孕中期末尾，胎儿体重可增加至1000克。

孕中期，为了适应胎儿生长发育的需要，孕妈妈身体各系统发生了巨大的变化：子宫的容积随着胎儿、胎盘和羊水的增长而扩大；乳腺增生加速，乳房增大；血容量扩充；由于肾脏配血功能加速，部分营养素可能会随着尿液丢失；蛋白质、糖、脂肪、矿物质等代谢发生变化；各种营养素的需求量增加；孕妈妈因雌激素的影响容易缺乏维生素C，出现牙龈充血、肿胀、疼痛、出血等。

孕中期，大部分孕妈妈的早期妊娠反应消失，食欲增加，饮食量也明显增加。

 营养专家告诉你

维生素C能增加铁在肠道内的吸收，应多食富含维生素C的蔬菜和水果。茶叶和咖啡中含有单宁酸，能抑制铁的吸收，孕妈妈不宜饮用浓茶和咖啡。牛奶和人奶中铁含量少，吸收率低。蛋黄中铁含量稍多，但吸收率也较低。

孕中期饮食要点

增加热能

孕中期孕妈妈的基础代谢加速，糖利用增加，每日热能需要量比孕前约增加200千卡。热量的增加根据劳动强度和活动量大小有所不同。孕中期体重的增加应控制在0.3~0.5千克。热量摄入过多，胎儿体重过大，容易导致难产。随着热量需求增加，与能量代谢有关的维生素B_1、维生素B_2的需求也应增加。

 孕妈问

很多孕妈妈3个月以后就不吐了，为什么我反而吐得更厉害了？

产科医生答 孕妈妈在怀孕的早期会出现如食欲下降、呕吐等早孕反应，这是孕妈妈特有的正常生理反应，通常会在孕12周左右自行缓解。但也有的孕妈妈会出现孕吐提前开始、迟迟不消退的情况，如果呕吐不是特别严重，都是正常的。

如果呕吐、恶心严重，建议到医院检查，排除是否有其他病理情况。柠檬汁、土豆、苏打饼干等食物对孕吐有改善作用。另外，孕妈妈因呕吐影响进食的话，建议喝点孕妇奶粉。

摄入足量蛋白质

孕中期，胎儿迎来脑细胞分化发育的第一个高峰期，此时，若蛋白质摄入不足，极易影响大脑的正常发育。

一般每天要比孕前多摄入15克，最好是动物性蛋白和植物性蛋白各占一半。孕妈妈应以谷类为营养主食，还应增加肉类、鱼类、蛋类、奶类等副食品的供应，以保证蛋白质的摄入吸收。

适宜的脂肪供给

孕中期脂肪开始在孕妈妈的腹壁、背部、大腿及乳房部位存积，为分娩和产后做必要的能量储备。

怀孕6个月时，胎儿自身也开始储备脂肪。脂肪的摄入量以占全部热量的25%～30%为宜。

植物油所含的必需脂肪酸比动物油更丰富。动物性食品如肉类、奶类、蛋类已含有较多的动物性脂肪，孕妈妈不必再额外摄入动物油了。

多吃含矿物质和微量元素的食物

孕中期是孕妈妈血容量增加速度最快的时期，血液相对稀释，容易造成生理性贫血，因此，应食富含铁质的食物。食物中的铁分为血红素铁和非血红素铁，血红素铁主要存在动物血液、肌肉、肝脏等组织中，这种铁吸收率一般为11%～15%；而植物性食品中的铁均为非血红素铁，主要含在各种谷类粮食、蔬菜、坚果等食物中，这种铁的吸收率仅为1%～5%。

因此孕妈妈最好在每一餐中适量进食鱼或肉。

增加维生素的摄入

孕中期各种维生素的需要量增加，应多食新鲜蔬菜和水果及适量动物肝脏。

叶酸

叶酸是合成核酸必需的物质，缺乏则容易影响红细胞成熟，引起巨幼红细胞性贫血。孕中期叶酸的需求量增大。含叶酸丰富的食物主要是内脏，特别是动物肝，其次是绿叶蔬菜、酵母。

维生素B$_{12}$

维生素B$_{12}$能促进红细胞的发育成熟，缺乏时也容易引起巨幼红细胞性贫血，一般和叶酸缺乏同时存在。维生素B$_{12}$主要存在于动物肝脏中，也含于奶、肉、蛋、鱼中。

维生素B$_6$

孕妈妈如缺乏维生素B$_6$，容易导致新生儿出生后体重偏低。含维生素B$_6$较多的食物有蛋黄、肉、鱼、奶、全谷、豆类及白菜等。

 营养专家告诉你

孕妈妈也要补充其他矿物质和微量元素，如钙、锌、镁等。随着胎儿的生长发育，需要量也相应增加，尤其要加强钙的补充。

营养专家告诉你

牛奶是最佳的钙质来源，若孕妈妈本身不爱喝奶，那么几块豆腐、两块薄芝士、小鱼，芥菜或西蓝花等含钙较高的食物也可作为获取钙的方式。

孕中期每日饮食推荐

餐次	食物	原料	量（克）	能量（千卡）	蛋白质（克）	脂肪（克）	碳水化合物（克）
早餐	拌蔬菜	胡萝卜	50	17.76	0.48	0	3.84
		菠菜	50	10.68	1.335	0	1.335
	牛奶	牛乳	250	135	7.5	7.5	7.5
	燕麦粥	燕麦片	75	275.25	11.25	5.25	46.5
	煮蛋	鸡蛋（白皮）	60	72.036	6.786	4.698	1.044
上午加餐	橘子	橘子	200	60.3	1.34	0	13.4
午餐	金银卷	小麦粉（标准粉）	76	261.44	8.36	1.52	54.72
		玉米面（白）	37	125.8	2.96	1.48	24.79
	里脊炒油菜	香菇（鲜）	50	9.5	1	0	1
		猪肉（里脊）	50	77.5	10	4	0.5
		花生油	5	44.95	0	5	0
		油菜	50	10.005	0.87	0	1.305
	芹菜豆干	豆腐干	25	35	4	1	2.75
		芹菜（白芹，旱）	50	4.62	0.33	0	0.66
		花生油	5	44.95	0	95	0
下午加餐	饼干	饼干	25	108.25	2.25	3.25	17.75

餐次	食物	原料	量（克）	能量（千卡）	蛋白质（克）	脂肪（克）	碳水化合物（克）
晚餐	荞麦米饭	大米	76	262.96	5.32	0.76	58.52
		荞麦	37	119.88	3.33	0.74	24.42
	清炒西蓝花	西蓝花	100	27.39	3.32	0.83	2.49
		花生油	5	44.95	0	5	0
	柿椒鸡丝	青椒	100	18.04	0.82	0	3.28
		鸡胸脯肉	50	66.5	9.5	2.5	1
		花生油	5	44.95	0	5	0
晚上加餐	龙须面	鸡蛋（白皮）	25	30.015	2.8275	1.9575	0.435
		小麦粉（标准粉）	50	172	5.5	1	36
		菠菜	20	4.272	0.534	0	0.534
合计				2084	89.6125	56.5	303.773

（以身高160～165厘米，孕前体重55～60千克的孕妈妈为标准）

（参考：协和医院营养餐单）

如果孕妈妈体重控制得不是很好，可以参考协和医院提供的营养餐单，既可以补充营养，还能控制体重。

 孕4月

注意营养与保健

孕周	胎儿的发育	孕妈妈的变化
第13周	内脏器官达到了各自的位置，并朝着能完全发挥其功能的方向生长 长出了指纹、指甲、乳牙根和声带	有的孕妈妈脸上和颈部可能会出现褐色的斑点 乳晕的颜色发生变化，乳腺更加发达，静脉曲张也变得十分明显
第14周	耳朵从颈部向头上移动，颈部的长度继续增加 声带的生长完成，生殖器持续发育，消化腺体也逐渐成熟	早孕反应逐渐消失，开始进入比较安定的阶段 消化不良导致腹中充满了气体 比较容易出现痔疮或牙龈炎等不适
第15周	骨骼变得坚硬，透过薄薄的皮肤能看见血管，汗毛覆盖了整个身躯 腿部的长度超过了手臂，耳部仍然在发育中	子宫继续变大，腹部和胯部有时会有刺痛感 乳晕的颜色继续变深并接近赤褐色，偶尔会有乳汁分泌
第16周	胎儿握住了自己的拳头，张开了小嘴，嘴唇开始活动，有时还会做吞咽的动作 肠胃开始分泌消化液	皮肤的色素沉着更严重，斑点的颜色继续加深 乳头和周边皮肤颜色变深，腹部中央靠下的位置出现了深色条纹

  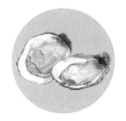 

本周注意事项	饮食注意事项	适合孕4月食用的食物
不要长时间保持同一姿势，经常变换姿势或多走动，促进血液循环 外出后回家，一定要沐浴，将自己的身体清洁干净	补充铁质，预防孕妈妈和胎儿贫血 叶酸很重要，缺乏容易导致"无脑儿" 均衡摄取优质蛋白等多种必需的营养成分	富含铁质的食物，如动物肝脏、豆类、瘦肉、绿叶蔬菜、红糖、禽蛋等
均衡饮食，防止因怀孕诱发肥胖、高血压和糖尿病 怀孕第8～15周不要照X光片，牙齿问题最好在12周以后再进行治疗		富含蛋白质的食物，如豆制品、瘦肉、鱼、蛋、乳类等
睡觉最好采用侧卧姿势 腹部要注意保暖，平日动作不要过于激烈		富含蛋白质、钙、锌、植物脂肪的食物，如牡蛎、海蜇、大豆、牛奶等
高危孕妇进行羊水检查，确认胎儿是否患有唐氏综合征等先天性缺陷 最好在10点、15点和21点进行加餐		主食类食物，如大米、白面、小米、玉米等

孕妈妈的营养状况

因妊娠反应逐渐消失，这个月，许多孕妈妈会出现体重增长过快的情况，有的甚至一个月就能长2～2.5千克。切记体重如果不加控制，会导致营养过剩或出现巨大儿。孕中期的4个月中，每周增加0.35～0.5千克的体重最为合理。

超重不好，但体重过轻也不好。因为孕4月也是胎儿快速发育的阶段，如果孕妈妈摄入的营养素不足，胎儿就会同孕妈妈抢夺营养素。因此，孕妈妈要保证营养的摄入。

孕4月营养饮食方案

到了这个月，孕妈妈感觉比较舒适，早孕反应慢慢消失，食欲大增。这时的胎儿生长迅速，需要更多的营养。

1.孕妈妈需要增加能量和各种营养素，来满足胎儿各系统发育中进行的大量复杂的合成代谢的需要。

2.蛋白质、钙和铁等在孕4月的需求量也会增加，这对生成胎儿的血、肉、骨骼起着重要作用。

3.孕妈妈每天要喝6～8杯水。

孕妈妈要定时喝水，避免口渴了才饮水，能促进身体的新陈代谢，保证胎儿正常发育。

孕4月重点营养素

孕4月的胎儿正在迅速生长，需要的营养物质更多，孕妈妈要摄入更丰富的营养，以保证源源不断地供给新生命。

1. 蛋白质

孕妈妈每天蛋白质的摄入量应增加15克，达到75～95克。饮食中应增加鱼、肉、蛋、豆制品等富含优质蛋白的食物。特别是早孕反应严重、不能正常进食的孕妈妈更应多摄入优质蛋白。

2. 热量

从孕4月开始，孕妈妈必须增加热量和各种营养素，来满足胎儿生长发育的需求。孕中期热量每日增加约200千卡。

3. 维生素

为了帮助孕妈妈对铁、钙、磷的吸收，应相应增加维生素A、维生素D、维生素E、维生素B_1、维生素B_2和维生素C的供给。维生素D能促进钙质的吸收，每日最好能补充10微克。孕妈妈应多食各种蔬菜和水果，如番茄、茄子、白菜、葡萄、橙子等。

4. 矿物质

对生成胎儿的血、肉、骨骼起着重要作用的钙、铁等成分，在孕4月的需求量比平时大得多。每天对钙的需求量为1000～1200毫克，铁增加至25毫克，其他营养素如碘、锌、镁、铜、硒等也要适量摄取。

5. 水

孕妈妈每天饮用6～8杯水，其中果汁的量要控制在2杯以内，因为果汁甜度较高，摄入过多对胎儿的骨骼发育不利。

孕4月一日参考食谱举例

餐次	用餐时间	食谱举例
早餐	7：00~8：00	热汤面1碗，馒头1个，鸡蛋1个，凉拌黄瓜（黄瓜100克）
加餐	10：00	猕猴桃1个，酸奶150毫升
中餐	12：00~12：30	瘦肉炒芹菜（瘦肉50克，芹菜100克），凉拌番茄（番茄150克），猪蹄香菇炖豆腐（猪蹄200克，香菇50克，豆腐80克），米饭150克
加餐	15：00	鲜榨橙汁200毫升，全麦面包1片
晚餐	18：00~18：30	鸡蛋炒莴笋（鸡蛋1个，莴笋100克），肉末烧豆腐（猪肉末50克，豆腐50克），虾皮烧冬瓜（虾皮20克，冬瓜150克），猪肝粥（猪肝20克，大米50克），花卷2个
加餐	21：00	牛奶200毫升，手指饼4根

准爸爸必修课：营造良好的居家氛围

孕妈妈的舒适生活，胎儿的快速成长都需要准爸爸的细心呵护。

1. 适宜的居室温度。室内的温度最好控制在20℃~22℃。温度如超过25℃会让人感到烦躁不安、精神不振、头昏脑胀；如低于10℃的话，会使人懒于活动，出现精神抑郁，对胎儿的生长发育不利。

2. 室内湿度调节。居室内最适宜的湿度为50%左右。房间太干燥，会有口干舌燥、喉痛、流鼻血或便秘等不适。但湿度过高，衣服和被褥容易发潮，可引起皮肤过敏、肢体关节酸痛等，还会出现消化功能失调。在干燥的秋冬天，可在房间放盆水、撒点水或用空气加湿器。湿度过高可开窗通风来散发潮湿气体。

3. 除螨灭蟑不可少。蟑螂能携带的细菌病原体有40多种，会严重危害孕妈妈和胎儿的健康。螨虫一般在地毯、枕巾、浴室的湿毛巾和屋子角落的灰尘等地方栖息，准爸爸要认真做好打扫和清洗工作。

4. 选购原木家具。劣质家具中含苯、甲醛、铅等物质，容易让人感觉头晕、恶心等，最好选购原木家具。还可喷层密封胶，能有效防止甲醛气体的散发。

5. 房屋装修延迟。装修材料中有甲醛、苯、氨等，容易损害孕妈妈和胎儿的健康。因此，孕期最好不要装修房子。如需装修，最好选择环保、无污染的材料。装修后要闲置3个月再入住。入住前要请环保机构进行空气质量检测，保证孕妈妈和胎儿的健康。

孕4月饮食要点

孕妈妈宜合理补充矿物质

矿物质是构成人体组织和维持正常生理功能的必需元素。如果孕妈妈缺乏矿物质，容易导致贫血，会出现小腿抽筋、出汗等不适，胎儿罹患先天性疾病的概率也会增加。因此，合理补充矿物质对孕妈妈和胎儿来说都非常重要。

矿物质	功能	食物来源	各时期摄取量
钙	促进胎儿骨骼和牙齿的生长，防止孕妈妈腿抽筋及发生骨质疏松、腰腿痛	海带、黄豆、腐竹、奶制品、黑木耳、鱼虾、坚果等	孕早期：800毫克 孕中期：1000毫克 孕晚期：1200毫克
铁	促进孕妈妈体内红细胞的生成，对胎儿的成长及新生儿的红细胞生成特别重要，孕期缺铁将会导致贫血	猪肉、牛肉、羊肉、鸡肝、鸡蛋、海带、绿叶蔬菜、坚果、樱桃等	孕早期：15毫克 孕中期：25毫克 孕晚期：35毫克
锌	直接参与孕妈妈和胎儿体内细胞生物代谢。对确保胎儿和新生儿的正常发育非常重要。锌摄取量过低会影响胎儿的出生体重	贝壳类海产品、香蕉、植物的种子（如葵花子、麦胚、各类坚果）、卷心菜	孕早期：11.5毫克 孕中期：16.5毫克 孕晚期：16.5毫克

孕妈妈巧补碘

在怀孕第14周左右，胎儿的甲状腺开始发挥作用，生成激素。而甲状腺需要碘才能发挥正常的作用。孕妈妈如果摄入碘不足的话，出现疲乏、肌无力、黏液分泌过多等症状，还会使胎儿的发育也受到抑制，并影响胎儿中枢神经系统的发育，导致其出现智力低下、听力障碍、体格矮小等症状，甚至导致死胎、流产。

所以孕妈妈为了自身的健康和胎儿的正常发育，一定要重视补碘。每日推荐摄入量为200微克。富含碘的食物，如海带及其他海产品、洋葱和生长在富含碘的土壤中的蔬菜。奶、蛋的含碘量也较高，其次为肉类、淡水鱼、谷类、豆类、根茎类和水果。

 营养专家告诉你

补充碘的一个方法就是坚持吃碘盐，碘盐在加工出厂时碘浓度为每千克碘盐不低于40毫克，所以，如果家中常备碘盐的话，建议每日食碘盐量控制在5克即可，因为高盐饮食同样对身体不利。

适合孕中期多吃的食物

食材	功效
牛奶	补钙。钙对构筑胎儿骨骼和牙齿的生长发育非常重要，能维护孕妈妈的心脏和肌肉功能。牛奶中的钙含量非常丰富，每100克牛奶中含钙量在100毫升以上，并且由于与蛋白质结合在一起，容易被人体吸收，其吸收率高达40%，是天然食物中含钙量最高的 预防妊娠斑。牛奶中含有乳清，能消除黑色素，防止多种色素沉着引起的癥痕，尤其对妊娠斑有独到的美容效果 镇静安神。牛奶中含有可抑制神经兴奋的成分，能消除紧张情绪，有利于休息和睡眠
海带	补碘。海带中含有大量的碘，碘是甲状腺合成的主要物质，能促进宝宝的甲状腺发挥作用 预防妊娠水肿。海带中含大量甘露醇，能有效消除妊娠期水肿 补充膳食纤维。海带中含可溶性膳食纤维较多，可预防妊娠便秘
坚果	促进胎儿大脑发育。坚果类食物中含大量不饱和脂肪酸，还含有15%～20%的优质蛋白和十几种重要的氨基酸，这些都是构成脑神经细胞的主要成分，坚果中维生素B_1、维生素B_2、维生素E及钙、磷、铁、锌等的含量也比较高，对孕中期胎儿大脑发育有益 缓解抑郁。坚果中富含B族维生素，能预防孕期抑郁和神经衰弱，缓解疲劳，减轻压力
鸡蛋	促进大脑发育。鸡蛋中富含优质蛋白，能促进胎儿大脑发育，还能为孕妈妈储备大量的优质蛋白，有利于提高产后母乳的质量 提高记忆力。鸡蛋黄中含有记忆素——胆碱，能提高孕妈妈和胎儿的记忆力

孕妈妈营养美味菜

番茄炒蛋 补脑益智

材料 番茄200克，鸡蛋2个。

调料 盐、白糖、植物油各适量。

做法

1. 番茄洗净，切块；鸡蛋洗净，打入碗中，用筷子顺同一方向搅散。

2. 锅烧热，倒油烧至约七成热，倒入打散的蛋液，翻炒至蛋液凝固，盛回盘中。

3. 锅烧热，倒少许油，放入番茄块翻炒约2分钟，投入鸡蛋，使番茄与鸡蛋混合，再加入白糖、盐，翻炒1分钟即可。

营养指南 鸡蛋中富含卵磷脂和DHA，这两种物质能促进胎儿脑部发育，有健脑益智的功效。

虾仁炒芹菜 保护心血管系统

材料 芹菜400克，虾仁50克。

调料 葱末、姜丝、盐、清汤、淀粉、植物油各适量。

做法

1. 芹菜择洗干净，切段，在沸水中焯一下，捞出沥干；虾仁泡发，洗净待用。

2. 炒锅上火，倒油烧热，下入虾仁炸香，然后倒入葱末、姜丝、芹菜煸炒片刻，烹入盐、清汤炒匀，淀粉勾芡即可。

营养指南 虾仁含有丰富的镁，能减少血液中胆固醇含量，防止动脉硬化，对保护孕妈妈心血管有益。

牛奶麦片粥 安神镇静

材料 麦片80克，牛奶150毫升。

调料 白糖适量。

做法

1.将麦片加适量清水浸泡半小时。

2.锅置火上，倒入麦片汤，用小火煮20分钟左右，加入牛奶，拌匀，继续煮15分钟，加入白糖搅拌均匀即可。

营养指南 牛奶中含有色氨酸，能有效改善睡眠，搭配富含碳水化合物的燕麦一起食用，能增加血液中色氨酸的浓度，起到安神镇静的作用。

红白豆腐 益于胎儿大脑发育

材料 豆腐100克，猪血80克。

调料 鸡汤、水淀粉、盐各适量。

做法

1.将猪血、豆腐分别洗净，切成小块，放沸水中焯烫，捞出沥干水分。

2.锅置火上，放入鸡汤用中火煮，加盐和水淀粉勾芡。

3.将豆腐和猪血放在盘子中，倒入芡汁即可。

营养指南 猪血性咸味平，有生血、解毒功效。豆腐富含大豆蛋白和卵磷脂，能保护血管，降低血脂，对胎儿的神经、血管和大脑发育都非常有益。

孕5月 进补营养正当时

孕周	胎宝宝的发育	孕妈妈的变化
第17周	出现了褐色的皮下脂肪，脊柱里的神经纤维开始被白色脂肪所包裹 听觉器官开始发育，是进行胎教的好机会	腹部迅速隆起，可以穿正式的孕妇装了 脸上会出现色斑，但这种色素沉着大部分都会在宝宝出生后自动消失 开始感觉到胎动
第18周	胎儿的心脏开始收缩运动，借助听诊器，能听到胎儿的心音了。循环系统也进入了发育的状态	有的孕妈妈皮肤和发质会得到明显改善 腰部出现痛感，激素的变化还可能导致肩部发生疼痛
第19周	会做蹬、踢的动作，手指和脚趾也在继续生长 脑部与脊髓继续生长，比起身体的其他部位，腿部生长变化最为明显	臀部和肋部会变得较为丰满 乳房的重量可能达到180克以上，最好每隔一个月检查一下乳房是否存在异常情况
第20周	手心和脚底长出了纹路，眼皮上还长出了细细的睫毛 保护胎儿皮肤的胎脂开始生成	子宫继续增大，几乎达到了肚脐的位置 这时候，乳房开始分泌出淡色液体，即初乳 出现水肿，血压升高，心跳加快，疲倦，比较嗜睡，胃口也很好

本周注意事项	饮食注意事项	适合孕5月食用的食物
在保证营养的基础上，控制体重的增长 若感到疲劳，需要注意休息	多食富含钙质的食物，促进宝宝骨骼发育 多食能促进宝宝生长的食物。 摄取足够的纤维质，能有效防止便秘	富含蛋白质的食物，如肉、鱼虾、蛋、豆制品、牛奶等
子宫变大，这时候容易引发膀胱炎，从而导致早产或生出低体重儿，要特别注意		富含脂肪的食物，如核桃、芝麻、栗子、桂圆、黄花菜、香菇、虾、鱼头、鹌鹑、鸭等
会出现过敏现象，要注意摄取充足的水分 随时注意是否会出现浮肿、阴道出血、头痛、高烧、胃寒等症状		能预防感染和提高抗病能力的食物，如冬瓜、红小豆等
需要注意的是，若胎盘或孕妈妈的身体出现异常，仍可能发生流产		

孕妈妈的营养状况

营养情况自测表（厘米）

怀孕20周	下限	上限	标准
宫高	15.3	21.4	18
腹围	76	89	82

进入孕5月，孕妈妈体型较孕前已经有比较明显的变化了。不少孕妈妈在这个月体重增长速度都会超过平均增长0.35千克这个标准值。对比上面的表格，孕妈妈看看自己的宫高和腹围是否在成长范围内，并结合体重有针对性的补充营养。

孕5月营养饮食方案

孕5月，胎儿的生长发育非常迅速，需要更多的营养。孕妈妈应保证膳食的均衡，原则是较高热量、蛋白质，增加脂肪、碳水化合物的摄入量，增加肉类、鱼虾类、蛋类及豆制品的供给，多吃蔬果。

1.热量多是通过主食获取的，孕中后期每天应当摄取250～350克的主食。通过增加肉类食物来达到获取脂肪的目的。

2.多增加肉、鱼、虾、豆制品来满足对蛋白质的需要。

3.孕妈妈要多吃新鲜的蔬菜和水果，能补充维生素、纤维素和无机盐及矿物质，其中的纤维素还能有效防止出现便秘。

虾肉含有丰富的蛋白质，孕妈妈可以适量多食用一些。

孕5月重点营养素

孕5月，为了适应孕育宝宝的需要，孕妈妈体内的基础代谢增加，子宫、乳房、胎盘迅速发育，需要适量的蛋白质和能量。胎儿开始形成骨骼、牙齿、五官和四肢，大脑也开始形成和发育。因此，孕妈妈的营养摄取很关键。

1. 蛋白质

孕妈妈每天蛋白质的摄入量应达到80～90克，这样才能保证子宫和乳房的进一步发育，同时促进胎儿大脑的不断发育。

2. 热量

孕5月需要的热量比孕前多10%左右，即每天需要增加200千卡热量。为了满足热量需要，防止孕妈妈厌倦，应注意调节主食的品种，如大米、高粱米、小米、红薯等。

3. 脂肪

胎儿大脑形成需要足量的脂肪，孕妈妈应多吃些富含脂质的食物，如鱼头、核桃、芝麻、栗子、黄花菜、香菇、紫菜、牡蛎、虾、鸭、鹌鹑等。鱼肉含有两种不饱和脂肪酸即DHA和EPA，对胎儿大脑发育有益，在鱼油中的含量要高于鱼肉，鱼油相对集中在鱼头，所以孕妈妈要适量多吃鱼头。

4. 维生素

维生素A能促进生长，孕5月的需求量要比平时多20%左右，每天摄入900微克。孕妈妈要多摄入维生素A、维生素C、维生素D和B族维生素。孕妈妈可以通过多吃蔬菜、水果来补充。

5. 矿物质

孕中期为了保证钙等矿物质的摄入，孕妈妈每天应饮用500毫升以上的牛奶或补充其他钙制品。牛奶不耐受者，可以改用酸奶。为了补钙，还必须吃些虾皮。孕妈妈要多吃蔬菜、水果来补充无机盐和矿物质。

孕5月一日参考食谱举例

餐次	用餐时间	食谱举例
早餐	7：00~8：00	红豆大米粥（红豆10克，大米25克），花卷1个，煮鸡蛋1个，拌虾皮青椒（虾皮10克，青椒75克）
加餐	10：00	草莓80克，酸奶150毫升
中餐	12：00~12：30	二米饭（大米10克，黑米50克），番茄炖牛肉土豆丁（番茄50克，牛肉50克，土豆100克），蒜蓉油麦菜（油麦菜100克）
加餐	15：00	橘子100克，酸奶150毫升
晚餐	18：00~18：30	小米粥（小米25克），馒头1个，猪肝炒菠菜（猪肝30克，菠菜100克），肉片香菇烧菜心（肉片50克，香菇30克，菜心100克）
加餐	21：00	芒果100克

准爸爸必修课：注重饮食多样性

进入孕5月，胎儿开始形成骨骼、牙齿、五官，四肢快速发育，同时大脑也开始形成和生长着。因此，摄取足够的营养素对孕妈妈来说是至关重要的，准爸爸要为孕妈妈和胎儿准备丰富多样的食物。

蛋白质能维持胎儿大脑的正常发育。准爸爸要给孕妈妈准备一些如肉类、豆制品等富含蛋白质的食物，而且每天的摄入量不少于80克。

这个月孕妈妈对热量的需求也逐渐增加，准爸爸要注意饮食中热量的供给。如多给孕妈妈食用大米、高粱米、小米、红薯等食物，不仅能满足孕妈妈基础代谢所消耗的能量，还能提供胎儿细胞形成和活动所需的能量。

此外，准爸爸还要保证孕妈妈对脂肪和维生素的摄入。富含脂肪的食物有芝麻、核桃、栗子、桂圆、黄花菜、香菇、牡蛎、鸭等，富含维生素的是蔬菜和水果。准爸爸应将这些食物做成美味可口的饭菜，保证孕妈妈对这些营养物质的摄入。

孕5月饮食要点

保证足够的热量供应

孕中期，孕妈妈的基础代谢加速，糖量利用率增加，每日热量消耗量比孕前约增加200千卡。热量的具体增加因劳动强度和活动量大小而有所差别。孕中期体重的增加应控制在每周0.3~0.5千克。热量摄入过多，胎儿体重过大，容易导致难产。随着热量消耗的增加，与能量代谢有关的维生素B_1、维生素B_2的需求量也应增加。

多补充能促进胎儿视力发育的营养素

宝宝有一双明亮的眼睛，是每个父母的愿望。下面介绍的五种营养素能促进胎儿的眼睛发育，孕妈妈不妨多食。

营养素	促进视力发育	有效食物
维生素A	合成视网膜中感光物质视紫质的重要原料，能维持人体的正常视觉，保持弱光下的观察能力	鱼类、动物内脏、蛋黄、牛奶、胡萝卜、苹果等
α-亚麻酸	组成大脑细胞和视网膜细胞的重要物质，能促进胎儿的大脑发育，促进视网膜中视紫红质的生成，提高胎儿的智力和视力	坚果、核桃等 还可在医生指导下吃些α-亚麻酸胶囊
维生素B_1	视觉神经的营养来源之一，如缺乏，容易引起眼睛疲劳	动物肝脏、肉类、豆类、花生、坚果等
维生素B_2	视觉神经的营养来源之一，如缺乏，易引起角膜炎	猪肉、鸡肉、鳝鱼、蘑菇、海带、紫菜等
牛磺酸	提高视觉功能，促进视网膜的发育，保护视网膜，利于视觉感受器的发育，改善视功能	牡蛎、海带等

孕妈妈补充维生素A要适量

孕妈妈如果维生素A缺乏，容易引发流产、胚胎发育不全或胎儿生长迟缓等不良现象。但是，如果过多摄入的话容易引起中毒，还可能导致畸胎。在这一阶段，孕妈妈每天补充800~1200微克维生素A就可以了。孕妈妈可以适当吃一些富含维生素A的食物，如动物肝、奶、蛋黄、鱼、胡萝卜、杏、李等。

孕妈妈食用胡萝卜时，最要用油烹调一下，有利于胡萝卜素的吸收。

孕妈妈宜多喝粥

由于怀孕的缘故，孕妈妈肠胃功能比较弱，而粥熬煮的时间长，粥里的营养物质析出充分，所以粥不仅营养丰富，而且容易吸收。莲子红枣粥、玉米粥、绿豆粥、南瓜粥都很适合，煮粥前最好将米用冷水浸泡半小时，让米粒膨胀开。这样熬起粥来节省时间，而且口感也更好。

孕妈妈要避免高糖饮食

对孕妈妈来说，摄入糖分过多，对自身和胎儿都有很大危害。血糖过高会加重孕妈妈的肾脏负担，不利于孕期保健。

大量医学研究表明，摄入过多的糖分会削弱人的免疫能力，使孕妈妈机体抗病能力降低，更容易受到细菌和病毒的感染。所以，孕妈妈要避免高糖饮食。

孕妈妈体重不要增加太多

有的孕妈妈食欲和消化功能都特别好，常食鸡鸭鱼肉等，导致体重猛增。其实，孕妈妈不是越胖越好。

女性怀孕后，体重增加是正常现象。但孕期体重增加与孕前体重有关，一个体重100千克的肥胖女性比体重50千克的女性孕期体重增加要多得多。一般说来，孕妈妈体重增加10~12千克，孕晚期体重增加较孕早期明显。

如果孕妈妈体重过度增加，容易诱发糖尿病、高血压和高脂血症，同时造成营养过度、脂肪堆积，胎儿也会长得过大，容易出现难产。此外，孕妈妈体重过高，也加大了产后恢复的难度。

 营养专家告诉你

动物肝脏中含有大量蛋白质，特别是维生素A及磷、铁等，能提供孕期需要的铁和维生素A。但是肝脏内胆固醇含量较高——以猪肝为例，每100克猪肝含有288毫克胆固醇，而且作为代谢器官蓄积了大量有毒物质，吃多了对身体不利。因此，建议孕妈妈最好每周吃动物肝脏不要超过2次，每次25~30克，烹制前要充分浸泡冲洗。

 孕妈问

怀孕了，常常会有胃灼热的感觉，这是怎么回事？怎么调养？

产科医生答 怀孕时，孕妈妈体内的孕激素会增多，使食道下端控制胃酸反流的肌肉松弛，加之日渐增大的子宫对胃造成挤压，这容易减慢胃内食物的排空速度，胃液很容易反流到食道，刺激损伤食道下段黏膜。所以，在怀孕中后期，孕妈妈不时会有胃灼热感，在咳嗽、弯腰、用力时这种现象更容易发生。当孕妈妈出现"烧心感"时，可以在睡觉时在头部床脚下垫高15~20厘米，使上身抬高角度，能有效减少胃液返流。最好不要采取垫高枕头的方法，因为这并不能使孕妈妈的整个上身抬高角度。

孕妈妈要控制好体重

孕妈妈过于肥胖的弊端

1. 容易生巨大儿。 孕妈妈脂肪摄入过多，高热量进食、身体锻炼少，不仅使体重过胖，还容易导致胎儿的脂肪细胞明显地多于正常水平，使其变成巨大儿。

2. 影响胎儿健康。 过于肥胖，孕妈妈容易患糖尿病，胎儿的血糖也会持续升高，并刺激胎儿胰腺分泌过多的胰岛素，容易造成脂肪、蛋白质和糖原在胎儿体内蓄积过多，不利于胎儿健康。

3. 容易导致孕妈妈难产。 宝宝的体重超过4千克，就是巨大儿了。巨大儿的头部往往较大，难以通过骨盆，影响产程，而不得不进行剖宫产。

4. 导致畸形儿的发生。 过于肥胖的孕妈妈所生的婴儿，脊柱裂、无脑儿等神经管畸形的发生率，要比正常体重的孕妈妈高出1倍。孕妈妈身体过于肥胖，会引起体内新陈代谢发生改变，容易导致胚胎的神经系统发育出现畸变。

孕妈妈理想体重

人体的正常体重计算方式：[身高（厘米）－100（厘米）] ×0.9＝标准体重（千克）

一般来说，孕早期体重增加2千克左右，孕中期怀孕和孕晚期各增加5千克，至足月时体重比孕前增加12千克，如果孕妈妈怀的是双胞胎，体重会增加18千克。

如果整个孕期体重增加超过20千克以上，就有可能造成巨大儿产生。

如何控制孕妈妈的体重

1. 适当的身体锻炼。 适当锻炼身体能在不影响胎儿生长的情况下减少孕妈妈的体重，还能帮助孕妈妈缓解腰痛，防止便秘和静脉曲张，增加盆底肌肉的弹性，帮助日后分娩。

2. 晚饭不要吃得太多。 孕妈妈吃了晚饭，活动减少，热量在体内堆积，容易造成肥胖。

3. 适当减少主食的摄入，增加蔬菜和水果的比重。 蔬菜水果中热量少、维生素含量高，此外，膳食纤维素能缓解和消除便秘，能减少体内热量的吸收。

营养专家告诉你

一旦怀孕，如果体重超过标准体重的20%，在孕期需要定期称体重，检测体重是否符合孕妈妈平均增重比率。

推 荐 菜 谱

孕妈妈营养美味菜

盐水鸭肝 *养肝补血*

材料 鸭肝250克。

调料 葱段、姜片、蒜片、盐、酱油各适量。

做法

1.鸭肝洗净，去除鸭油。

2.锅内加水，放入鸭肝、葱段、姜片、蒜片、盐、酱油煮至开锅，转小火煮十分钟，捞出，切任意形状装盘即可。

营养指南 鸭肝性温，味甘、苦，归肝经，有养肝补血的功效，适合孕期贫血的孕妇食用。

西芹百合 *生津润燥*

材料 西芹350克，鲜百合25克。

调料 植物油、葱花、姜丝、盐、水淀粉、高汤各适量。

做法

1.西芹洗净，斜刀切段；百合清洗干净；将二者焯水，捞出过凉。

2.炒锅倒油烧热，爆香葱花、姜丝，下西芹、百合、盐、高汤翻炒，淋入水淀粉炒匀即可。

营养指南 百合性微寒，味甘，有清热生津的功效；芹菜性凉，味甘、辛，有清热润燥的功效，两者搭配食用有生津润燥的功效，适合孕期经常口干的孕妈妈食用。

孕6月

控制体重增速，
避免过度肥胖

孕周	胎儿的发育	孕妈妈的变化
第21周	消化系统开始发挥作用，小肠进入放松和收缩的反复运动中 胎儿开始做吞咽羊水的举动	油性肤质的孕妈妈头发出油变得更加严重，干性肤质的孕妈妈头发变得更加干燥 乳腺开始分泌出初乳和乳汁
第22周	眼皮和睫毛在不断发育中，长出了手指甲 恒牙的牙胚在不断发育 宝宝有一定的听力，能听到外面的声音了	孕吐症状完全消失，孕妈妈的胃口开始好转起来 身体可能会突然长出痣来，乳房变大 开始出现妊娠纹
第23周	会做一些小动作了，如抓鼻子、揉脸、撅嘴等 胎儿有着皱巴巴的皮肤和覆盖全身的汗毛，汗毛的颜色开始加深	腹部明显增大，臀部、面部和手臂变得丰满起来 胸部有胀满感
第24周	肺部及其组织器官正在发育中，为呼吸做好准备 胎儿仍有可能吞咽羊水，头部显得偏大	脸部看起来有点肿，激素的变化还容易导致出现鼻塞 乳晕的颜色进一步加深

本周注意事项	饮食注意事项	适合孕6月食用的食物
高龄孕妈妈和需要站立工作的孕妈妈小心静脉曲张 最好穿低跟或平底的鞋子，多做抬腿动作和按摩腿部，能有效减轻腿部的疲劳感	选择能强化肠胃功能的食物 多食能促进骨骼发育的食物，如排骨、牛奶、虾皮等	富含蛋白质的食物，如肉、鱼虾、蛋、豆制品、乳类等

补充足够的铁元素，能预防贫血。 每天保持喝6～8杯水 养成按摩乳房的习惯	多食海藻类食物，能解除便秘，促进胎儿的成长 降低盐分的摄入，多食用高蛋白食物	富含维生素和矿物质的食物，如蔬菜、蛋类、肝脏、乳类、豆类、瘦肉、新鲜水果等

控制盐分的摄入。摄入过多盐分容易导致浮肿，因此每天摄入的盐分应控制在6克以下		富含膳食纤维的食物，如红薯、南瓜、芹菜和各类水果等

进行规律的运动，加强锻炼，以应对整个分娩过程和在这个过程中出现的阵痛 充分摄取叶酸，预防贫血		

孕妈妈的营养状况

营养情况自测表（厘米）

怀孕24周	下限	上限	标准
宫高	22	25.1	24
腹围	80	91	85

在这个月，孕妈妈的体重平均每周增长350克，不过有的孕妈妈每周只增长300克，有些也可能增长500~1000克，判断自己是不是营养过剩或营养不良，还应根据孕妈妈体重、宫高、腹围、B超结果来综合考虑。孕前体重偏低的孕妈妈体重可能会长得快一些，孕前体重偏高的可能会慢一些。

孕6月营养饮食方案

孕妈妈在怀孕第6个月的时候循环血量增加，容易出现生理性贫血、疲劳、浮肿等现象。

1.在这个月，孕妈妈身体所需的热量也有所增加，应多吃一些红薯、南瓜、芋头等食物。维生素可以从绿叶蔬菜中获取。

2.除了必要营养物质的摄入，孕妈妈还要多喝开水，以保证尿路畅通、预防尿路感染。如果孕妈妈有浮肿，应白天多喝水，晚上则尽量少喝。

3.为避免浮肿加重，盐分摄入应有所节制。

4.这段时期，孕妈妈容易便秘，应多食富含纤维素的蔬菜、水果。牛奶也有促排便的作用，孕妈妈应多饮用。

孕6月重点营养素

一般来说，到了孕6月，胎宝宝生长发育明显加快，骨骼开始骨化，大脑继续发育，孕妈妈应特别注意蛋白质、脂肪、钙、铁等营养素的储备。

1. 蛋白质

中国营养学会建议，孕妈妈在怀孕中期，每日应增加摄入优质蛋白15克，相当于牛奶500毫升或2个鸡蛋或75克瘦肉。在孕妈妈的膳食安排中，动物性蛋白质和植物性蛋白质最好各占一半。

2. 热量

孕6月孕妈妈热量的需求会比孕早期增加200千卡。多数孕妈妈这时候工作减轻，热量的增加应因人而异。孕妈妈体重的增加应控制在每周0.3~0.5千克。

3. 脂肪

孕妈妈现在每天食用的植物油以25克左右为宜，总脂肪量控制在50~60克。

4.B族维生素

B族维生素无法在体内存储，必须有充足的供给才能满足机体的需要。孕妈妈要多食富含维生素的食物，如瘦肉、肝脏、鱼类、乳类、蛋类及蔬果等。

5. 矿物质

这个月应强调钙和铁的摄入，碘、镁、锌、铜也必不可少。孕妈妈可以多食动物肝脏、乳类、豆类、海产品、蔬菜等。

6. 水

多喝水也是保证排尿畅通、预防尿路感染的方法。每天孕妈妈至少喝6杯开水。有浮肿的孕妈妈白天喝够量，晚上少喝水。

孕6月一日参考食谱举例

餐次	用餐时间	食谱举例
早餐	7：00～8：00	牛奶200毫升，全麦面包100克，煎蛋2个，小炒圆白菜（圆白菜250克）
加餐	10：00	核桃3～5个，酸奶150毫升
中餐	12：00～12：30	红枣炖鸡（鸡肉350克，红枣10颗），西芹炒百合（西芹150克，百合30克），家常豆腐（豆腐150克），米饭150克
加餐	15：00	酸奶150毫升，橘子1个
晚餐	18：00～18：30	珊瑚白菜（白菜200克），酸辣黄瓜（黄瓜100克），鲫鱼丝瓜汤（丝瓜30克，鲫鱼250克），面条1碗
加餐	21：00	牛奶200毫升，核桃仁2个

准爸爸必修课：巧吃让孕妈妈营养又不胖

孕6月是胎儿快速生长的时期，孕妈妈会吃得很多，而且体重也会迅速增加。如何能让孕妈妈吃得更好，还不至于体重增加过快呢？这个问题准爸爸就需要多考虑了。

准爸爸在为孕妈妈准备食物时，要荤素兼备、粗细搭配、少食多餐、注意品种多样化。这个时候要避免进食过多的油炸、油腻食物和甜食，防止出现体重增加过快，注意适当补充含铁丰富的食物，预防缺铁性贫血。如孕妈妈经常出现小腿抽搐，可能是缺钙的表现，准爸爸应多准备如奶类、豆制品、虾皮、海带等含钙较多的食物。

这个月的孕妈妈有时会有"烧心"的感觉，这主要是孕期内分泌的变化和子宫对胃的压迫造成的。孕妈妈出现烧心时，准爸爸可以采取下面的方法来帮助缓解。

1.让孕妈妈减少精肉类和低脂肪食品、油腻食物等的摄入。

2.让孕妈妈少吃如柚子、橘子、番茄或醋等酸味食物。

3.吃晚饭后，陪孕妈妈散步活动，饭后至少2～3小时后再让孕妈妈上床睡觉。

4.让孕妈妈避开咖啡、可乐、碳酸饮料，少吃巧克力、薄荷、芥末等，少吃如胡椒粉、辣椒等辛辣食品。

5.吃饭时，提醒孕妈妈注意适量，不要吃得太饱，进食速度也不要太快。

6.帮孕妈妈把床头部位垫高15厘米。

7.给孕妈妈准备宽松的衣物，孕妈妈腰带也不要系得太紧。

8.让孕妈妈保持心情放松，尤其是睡前不要有任何压力和刺激。

9.记录下所有"触发"胃灼热感的食物和事件，尽量避开。

孕6月饮食要点

孕妈妈需要更多的铁

缺铁容易导致缺铁性贫血。怀孕后，母体需血量明显增加，对铁的需要量也会相应增加。胎儿自身造血和身体的生长发育都需要大量的铁，且只能靠母体供给。此外，为了应对分娩时出血和胎儿出生后的乳汁分泌，也需要在孕期储备一定量的铁。

孕妈妈服用铁剂的方法

常用的口服药是硫酸亚铁，每次0.3~0.6克，每日3次，也可服用10%枸橼酸铁铵10克，每日3次，或葡萄糖酸亚铁、右旋糖酐铁等。服用铁剂的同时最好加服维生素C100毫克，有利于铁的吸收。贫血纠正后最好还继续服药1~2个月，此时每天服1次即可。

多吃防止妊娠斑的食物

在孕期，很多孕妈妈会出现妊娠斑，要防止妊娠斑的出现，除了注意休息和睡眠外，还要多喝水、多吃蔬菜和水果，尤其是番茄，含有抗氧化剂番茄红素成分，有很好的抗氧化功效。此外，西蓝花、黄瓜、草莓等富含维生素C的蔬菜和水果也可以增强皮肤弹性，也能有效防止妊娠斑。

番茄中的番茄红素是很好的抗氧化剂，孕妈妈经常食用，有阻止妊娠斑出现的作用。

多吃些坚果类的食物

坚果类食物主要有核桃、杏仁、榛子、葵花子、南瓜子、花生、开心果等。这些食物中含有胎儿大脑发育必需的脂肪酸及增强记忆力、提高智力水平的磷脂和胆固醇，对胎儿的大脑发育是非常有利的。

孕妈妈要有意识的预防便秘

在孕6月，很多孕妈妈很容易被便秘困扰。发生便秘现象后，孕妈妈要注意饮食调节，多吃一些润肠通便的食品，如各种粗粮、蔬菜、黑芝麻、香蕉、蜂蜜等。此外，注意进行适当的运动，也能促进肠道蠕动，有益消化。

另外，香辛性的食物佐料，如辣椒、花椒、胡椒、小茴香、八角、桂皮、五香粉等，容易消耗肠道水分，使肠胃分泌减少，从而造成肠道干燥、便秘，孕妈妈最好少食。

孕妈妈要避免营养过剩

在得知怀孕的那天起，孕妈妈就被各种各样的营养美食包围着，孕妈妈总是担心胎儿的营养供给不足。长此以往，反而因吃得太多而造成营养过剩，导致各种疾病的发生。

在怀孕期间，如果孕妈妈吃得太多，特别是摄入过量糖类和脂肪类食物，极易造成营养过剩，加上活动量不足，使得孕妈妈体重增加过快，导致孕妈妈血压偏高，也会使胎儿体积过大，从而给分娩增加困难。如果孕妈妈过胖，还会对哺乳造成一定困难，导致乳腺管堵塞或畸形乳腺炎，影响新生儿喂哺。

孕妈妈不宜滥服滋补药品

有的孕妈妈常常买回来许多滋补药品，如人参蜂王浆、鹿茸、鹿胎胶、鹿角胶、胎盘、洋参丸、蜂乳、参茸丸、复合维生素丸和鱼肝油丸等，希望借此让胎儿健康发育。实际上，孕妈妈滥用补药弊多利少，反而容易造成不良后果。

孕妈妈服用滋补药品的弊端：

1. 有副作用。各种滋补品都要在孕妈妈体内分解、代谢，并有副作用，包括毒性作用和过敏反应。如果使用不当，会对孕妈妈和胎儿造成伤害。大量服用蜂王浆、洋参丸和蜂乳等都容易引起中毒或其他不良后果。孕妈妈若大量服用鱼肝油，会造成维生素A、维生素D过量而引起中毒。不过，鱼肝油能补充身体所需的维生素A和维生素D，帮助人体对钙和磷的吸收，还能保护视力，但为了孕妈妈和胎儿的健康，孕妈妈服用鱼肝油要适量，最好在医生指导下服用。

2. 可能对胎儿产生不利影响。孕妈妈摄取的滋补药物会通过胎盘进入胎儿的血液循环，直接影响胎儿的生长发育。在妊娠期间，孕妈妈体内的酶系统会发生变化，影响药物在体内的代谢过程，使其不易解毒或排毒，因而比常人更易引起蓄积性中毒，特别对娇嫩的胎儿的危害更大。

孕妈妈如果发生鱼肝油中毒，可引起胎儿发育不良或畸形。有些药物还能引起流产或死胎。

3. 不实惠。滋补药的作用被明显夸大了。孕妈妈即使每天饮用两支妊娠蜂王浆，由于其含量甚少，没什么特殊成分，不会有什么显著作用，产生不了多大的滋补作用，仅仅是心理上的安慰罢了。此外，各种滋补药品都很昂贵，长期服用需要消耗很多财力，真正得到的并不多，其实是一种浪费。

所以，对于孕妈妈来说，最好以食补为主。胎儿生长发育所需的蛋白质、脂肪、糖类、矿物质和多种维生素都可以在食物中获得。孕妈妈要吃得好、吃得健康、吃得营养，这才是孕妈妈养胎的明智之选。

孕妈妈坚持均衡饮食，才能保证身体健康和胎儿健康成长。

推 荐 菜 谱

孕妈妈营养美味菜

香菇豆腐汤 增强免疫力

材料 干香菇25克，豆腐400克，黑木耳25克，鲜笋100克。

调料 盐、香油、淀粉、葱花、植物油各适量。

做法

1. 鲜笋去皮洗净，切丝；豆腐洗净，切块；干香菇、黑木耳泡发，洗净，切丝。

2. 锅置火上，倒植物油烧热，放入香菇丁、笋丝略炒，加入豆腐块、木耳丝和适量水同煮5分钟，再加盐调味，淀粉勾芡起锅，撒上葱花，淋入香油即可。

营养指南 香菇能增强免疫力；豆腐含有优质蛋白和钙；木耳能促进肠道蠕动，加速消化，以上搭配食用有利于孕妈妈营养吸收，增强免疫力。

番茄炒玉米 缓解孕期便秘

材料 番茄200克，玉米粒200克。

调料 葱花5克，盐2克，白糖3克，植物油适量。

做法

1. 玉米粒洗净，沥干；番茄洗净，去皮，切丁。

2. 锅置火上，倒油烧热，放入番茄丁、玉米粒炒熟，加入盐、白糖调味，撒葱花即可。

营养指南 番茄所含的果酸及膳食纤维可助消化、辅治便秘；玉米富含的膳食纤维能刺激胃肠蠕动，促进排便。

炒胡萝卜丝 补充维生素A

材料 胡萝卜300克。

调料 香菜、盐、植物油各适量。

做法

1.胡萝卜洗净，切丝；香菜洗净，切段待用。

2.炒锅上火，倒油烧热，下入胡萝卜丝煸炒至变软，加入香菜，调入盐即可。

营养指南 胡萝卜肉质细密，质地脆嫩，有特殊的甜味，并含有丰富的胡萝卜素、维生素C、B族维生素及纤维素、蛋白质、糖类、铁、果胶、淀粉、无机盐和多种氨基酸等，经常食用这道菜，有补肝明目、通便防癌、增强机体的免疫功能等作用。

薏苡仁红豆糙米饭 预防血糖升高

材料 薏苡仁25克，红豆30克，糙米75克。

做法

1.薏苡仁、糙米、红豆分别淘洗干净，用清水浸泡4~6小时。

2.把薏苡仁、红豆和糙米一起倒入电饭锅中，加入没过米面2个指腹的清水，盖上锅盖，按下蒸饭键，蒸至电饭锅提示米饭蒸好即可。

营养指南 这款米饭中的薏苡仁有降糖作用，其中膳食纤维可以延缓餐后血糖的上升，从而帮助孕妈妈预防妊娠糖尿病。

孕7月

宝宝的大脑发育
离不开脂肪

孕周	胎儿的发育	孕妈妈的变化
第25周	身体比例开始变得匀称，皮肤薄且有许多小细纹，几乎没有皮下脂肪，全身覆盖一层细细的绒毛 开始进行各种与呼吸有关的练习 味蕾生成完毕，已经能品尝到食物的味道	子宫如同足球一样大小，腰腿痛会更加明显，可能会感到疲惫 腹部长出更多的皮肤和脂肪，还可能出现瘙痒症状
第26周	胎儿体重快速增加，并能对外界的触摸做出反应 开始做出呼吸的动作，脸部和身体逐渐向新生儿的模样靠近	常常会有腰部疼痛、腿部痉挛和头痛等症状 可能出现暂时性的思考能力降低或健忘等症状
第27周	视网膜继续发育，内耳的神经连结已经完成 会做出眨眼的动作	胳膊、腿部和脚部有时会出现浮肿 子宫变大，胸部会有疼痛的感觉 出现有规律的胎动
第28周	大脑组织的数量有所增加，眉毛和睫毛生长得更加完整 头发变长，体重在不断增加	子宫范围已经扩大到肚脐上方很远的位置上 腹部的妊娠纹十分明显，乳房上的血管相当突出了

本周注意事项	饮食注意事项	适合孕7月食用的食物
如脉搏突然发生变化或手掌出现红晕时需要注意是不是与甲状腺异常有关 在准备服用营养品时一定要遵从医生建议	多食用能增强肺功能并能帮助大脑发育的饮食 保持低水分和低盐分的饮食能缓解浮肿的问题	能利尿、消水肿的食物，如冬瓜、萝卜等 
胸部不适和消化不良可能会给进食造成一定的困难 摄取充足的绿叶蔬菜，可将有利消化的蔬菜放水中微微炖煮后食用		富含钙、铁和维生素E的食物，如大豆、牛奶、胡萝卜、玉米等
及时补充维生素A、B族维生素和维生素E。维生素A能促进胎儿的成长，B族维生素对神经发育和血细胞的形成有积极作用，维生素E能促进肌肉和供血球生成		
手部、腿部、面部和脚腕都可能出现水肿 肋骨位置会感到疼痛，还会出现心口难受和消化不良等不适症状		

孕妈妈的营养状况

营养情况自测表（厘米）

怀孕28周	下限	上限	标准
宫高	22.4	29	26
腹围	82	94	87

定时测量宫高和腹围，是了解孕妈妈身体营养状况的有效方法，如果孕妈妈现在不方便，可以在家人的帮助下进行。

孕7月营养饮食方案

在这个月，胎儿的生长速度仍旧很快，孕妈妈要多为宝宝补充营养。在保证营养供应的前提下，坚持低盐、低糖、低脂饮食，以免出现妊娠糖尿病、妊娠高血压综合征、便秘及下肢水肿等症状。

1. 要多增加维生素、钙、铁、钠、镁、铜、锌等营养素的摄入。

2. 进食足量蔬菜水果，少吃或不吃难以消化或易胀气的食物，如油炸的糯米糕等食物，避免腹胀引发的血液回流不畅，导致下肢水肿症状加重。

3. 如果孕妈妈的水肿症状较为严重，最好能吃点消肿的食物，如冬瓜、胡萝卜等。

 营养专家告诉你

现在孕妈妈的肚子会越来越大，几乎看不到自己的脚了，行走的时候要特别小心。

孕7月重点营养素

孕7月，胎儿生长速度较快，脑组织快速增殖，皮肤与生殖器的发育处在重要阶段，需要丰富的营养供给。孕妈妈应保证营养供给全面，特别是钙质、铁质和维生素E的食物更应多食。

1. 蛋白质
孕7月，孕妈妈对蛋白质的需要量为每月75～95克。

2. 碳水化合物
每天主食300～350克。

3. 脂肪
植物油25克左右，总脂肪量60克左右。

4. 维生素与矿物质
孕妈妈要注意维生素、铁、钙、钠、镁、锌、硒等营养素的摄入，进食足量的蔬菜水果。

孕妈妈应多吃蔬菜和水果，能有效补充多种维生素和矿物质，有利于孕妈妈和胎儿的健康。

孕7月一日参考食谱举例

餐次	用餐时间	食谱举例
早餐	7：00~8：00	花生米粥（花生20克，大米50克），肉包子1个，煮鸡蛋1个，凉拌菠菜（菠菜250克）
加餐	10：00	苹果1个，酸奶150毫升
中餐	12：00~12：30	木耳炒卷心菜（木耳100克，卷心菜150克），砂仁炖鲤鱼（鲤鱼250克），韭菜炒鸡丝（韭菜150克，鸡丝50克），米饭150克
加餐	15：00	酸奶150毫升，腰果6粒
晚餐	18：00~18：30	红烧牛肉（牛肉100克），糖醋藕片（藕100克），海米炝芹菜（海米50克，芹菜100克），人参粥（人参2克，大米50克），馒头1个
加餐	21：00	牛奶200毫升，桔子1个

准爸爸必修课：悉心照料孕妈妈

进入孕中期，孕妈妈的行动更加不便，准爸爸要学着悉心照料孕妈妈。

1. 扮演好爸爸的角色。这个月，胎儿的各个重要器官已经分化发育完成。准爸爸从现在就开始进入"爸爸"的角色吧！下班早点回家，陪孕妈妈吃晚饭，跟宝宝说说话，感受一家三口的其乐融融。

2. 要多注意孕妈妈的饮食健康。因为胎儿生长发育迅速，对各种营养的需求就更多，孕妈妈食欲大增，准爸爸要在以前的基础上加几个菜，不过，不要忘了监督孕妈妈不要吃得太多，体重增长过快对妈妈和宝宝都没有益处。

3. 要帮助孕妈妈做些不方便的事情。如提重物、弯腰捡拾东西等。随着怀孕月龄的增加，洗澡时也会碰到不便，而且出现滑倒的可能性较大，准爸爸也要帮助孕妈妈洗澡。

4. 跟孕妈妈一起记录宝宝的胎动情况。目前，国外均用12小时胎动计数，即早、中、晚各测1小时，3次相加乘以4，即为12小时的胎动数。如12小时内胎动少于20次，或1小时内胎动小于3次，就表示可能有缺氧的情形，准爸爸最好陪着孕妈妈做详细检查。胎动频率减少或停止，可能表示胎儿在子宫内处于慢性窘迫状态，如缺氧，孕妈妈要及时到医院检查。

孕7月饮食要点

保证充足、均衡的营养

在这个月，胎儿的生长速度仍旧很快，孕妈妈要多为胎儿补充营养。在保证营养供应的前提下，坚持低盐、低糖、低脂饮食。饮食均衡，多吃一些蔬菜水果，少吃或不吃难以消化或易胀气的食物，如油炸的糯米糕等食物，避免腹胀引起的血液回流不畅，导致下肢水肿症状加重。

孕妈妈适宜多食花生

花生被称为"长寿果"或"植物肉"，有和胃、健脾、滑肠、润肺、化痰、养气的作用。花生含有丰富的油脂植物油，同时所含的不饱和脂肪酸远比猪油等动物油含量多。此外，其中各种微量元素和维生素含量也相当丰富，是一种营养全面的食品。孕妈妈适合多食。

花生红色仁皮中含有抗纤维蛋白溶解的成分，能促进骨髓制造血小板、加强毛细血管收缩、改善凝血功能等作用，适合孕妈妈食用。

孕妈妈体重增长过快或过慢时的饮食策略

如果孕妈妈现在体重增加较快的话，可以用土豆、玉米、白薯、山药、南瓜、板栗、莲藕代替米面作为主食。反之，如果孕妈妈的体重增长较慢时，就需要多吃一些米、面、巧克力、甜点、松子、瓜子、肉类等食物。这样粗细搭配，能很好地达到控制热量和脂肪摄入的目的。

有水肿现象的孕妈妈补水小窍门

孕妈妈每天需要饮水6~8杯，有水肿症状的孕妈妈晚上临睡前要少喝一些水。建议容易水肿的孕妈妈每天进食足量的蔬菜、水果，因为它们具有解毒利尿的作用；少吃或不吃如油炸的糯米糕、白薯、洋葱、土豆等难消化和易胀气的食物，以免引起腹胀，影响血液回流，加重水肿。

孕妈妈不宜过多食用鱼肝油

孕妈妈可以适量吃些鱼肝油，其中所含的维生素D可以帮助人体对钙和磷的吸收，但是要注意量。如果孕妈妈体内积蓄维生素D过多，会导致胎儿主动脉硬化，影响胎儿的智力发育、骨骼发育，还有可能会造成肾损伤。

此外，研究表明，孕妈妈如过量服用维生素A（鱼肝油的主要成分之一），容易出现食欲减退、头痛及精神烦躁等症状。

胎儿在孕妈妈体内长到5个月时，牙齿开始钙化，骨骼迅速发育，这时特别需要钙质的补充。孕妈妈可以多吃些肉类、蛋类和骨头汤等富含矿物质的食物。此外，孕妈妈可以多到室外活动，接触阳光，在紫外线的照射下，人体可生成大量维生素D，促进钙质吸收。

本月关注

孕妈妈腹痛巧调养

在孕7月，孕妈妈下腹部有时会有轻微的刺痛感。孕妈妈的这种腹痛主要是由于子宫日渐增大，支撑子宫的韧带过度牵引而出现的牵扯性痛，尤其是在坐或卧了一段时间以后，这种疼痛感觉会更加强烈。

调养方法

孕妈妈出现这种腹痛是正常的，是胎儿在子宫内不断长大引起的，不需治疗也不用服用止痛药。如果腹痛得厉害，可以适当休息，让肌肉松弛下来，从而达到缓解疼痛的目的。

腹痛调养食疗方

当归生姜羊肉汤

材料 羊肉650克，当归、生姜片各20克。

调料 盐3克，料酒15克，鸡精5克。

做法

1. 将当归洗净，切片待用。
2. 羊肉剔去筋膜，放入沸水锅中焯烫去血水，用清水洗净，用刀切成小块待用。
3. 将瓦煲洗净，加入适量清水，将瓦煲置火上，大火煮沸，加入当归片、羊肉块、生姜片、料酒，加上盖子，用小火煲3~4小时，加盐、鸡精调味即可。

营养指南 这道汤补气养血，温中暖肾，对孕妈妈因气血不畅导致的腹痛有较好的食疗效果。

孕妈妈营养美味菜

韭菜烧猪血 清洁肠胃

材料　猪血100克，韭菜50克。

调料　葱花、盐、植物油各适量。

做法

1. 猪血洗净，切块；韭菜洗净，切寸段。
2. 锅内倒油烧至七成热，撒入葱花炒出香味。
3. 倒入猪血块翻炒均匀，加适量清水大火烧沸，转小火烧8分钟，放入韭菜段炒熟，用盐调味即可。

营养指南　猪血中的血浆蛋白被人体内的胃酸分解后，会产生一种解毒、清肠分解物，能将肠胃内的毒素排出体外，清洁肠胃。

清炖羊肉 预防贫血

材料　羊肉300克，白萝卜150克。

调料　葱段、姜片各20克，盐3克。

做法

1. 羊肉和白萝卜洗净切块。
2. 锅内加水烧开，放羊肉块焯水，捞出。砂锅加水、羊肉、白萝卜块、葱段、姜片烧开，慢炖至肉酥烂，加盐调味。

营养指南　羊肉中的铁是以血红素铁的形式存在，容易被人体吸收利用，能预防孕期缺铁性贫血。

孕晚期营养
只要营养不要胖

到了最后的冲刺阶段了，马上就要如约和宝宝见面了，孕妈妈是不是很期待呢？

孕晚期的这3个月，胎儿需要储存大量的营养物质，做好出生后独立生活的准备。这时候，孕妈妈也要补充好能量，为分娩时和产后哺喂做好营养储备，因此，孕晚期一定要进补得当，保存充足的精力来应对分娩。

孕晚期营养要点

孕晚期生理特点

孕晚期，即怀孕的第8~10个月。在这段时间，孕妈妈的体重达到最高峰，子宫体积可为原来的1000倍左右，体重比孕前增加9~15千克。胎儿生长发育也十分迅速。同时，胎儿体内营养素的储存速度也加快，为离开母体后的生活做好准备。由于胎儿体重的迅速增加，孕妈妈体重仍继续增长。在正常情况下，如果孕早期和孕中期营养良好，休息适宜，由于前段时间的适应，一般不会出现不适。相反，体质比较虚弱、营养状况不好的孕妈妈可能会出现妊娠高血压综合征及中毒等。在大约第30周时，胎儿的发育已经不再是器官的发育，而开始转入增加脂肪的储存。一个正常的胎儿在30周内储存的脂肪量为80克，40周时可以达到440克，胎儿的正常的脂肪堆积是否足够，直接影响到其出生体重。因此，孕妈妈在这个阶段要注意继续保证营养供应，确保胎儿在最后冲刺阶段的成长。

营养专家告诉你

孕妈妈还应多摄入维生素D，能促进钙的吸收。含维生素D丰富的食物有动物肝脏、鱼肝油、禽蛋等。

孕晚期饮食要点

孕中期的饮食要点均适用于孕晚期，除此以外，还需要注意下面几点。

吃些清淡、易消化的食物

大多数产妇在临近分娩时心情都会比较紧张，胃口不好，这个时候可以吃点口味清淡、容易消化吸收的食物，不宜过于油腻，可以吃点面条、牛奶、酸奶等，要吃好、吃饱，为分娩做好充分的能量储备，否则可能会因身体疲劳而引起宫缩乏力、难产、产后出血等危险情况。

摄入足够的维生素B_1

孕晚期如孕妈妈体内摄入维生素B_1不足，容易引起呕吐、倦怠、肌肉无力等，还容易引起分娩时的子宫收缩，使产程延长，造成分娩困难。

适当控制饮食

孕晚期，胎儿发育基本成熟，这时应适当控制进食量，特别是高蛋白、高脂肪的食物，以免给分娩造成困难。因此，孕晚期的饮食应该以量少、丰富多样为主。饮食的安排应采取少食多餐的方式，多食富含优质蛋白质、无机盐和维生素的食物，但热量增加不宜过多，以免体重增长过快。

及时调整食欲不振

孕晚期，肠胃受到子宫的压迫，一些孕妈妈会出现食欲不振，再加上肚子越来越大，行动也感到不便，但这时期较之前更要补充营养，所以孕妈妈对于饮食的调理更要谨慎。多选择容易消化的食物，并分多次进食。

摄入铁质

孕晚期的女性容易出现贫血，为了防止分娩时出血过多，必须及早多摄取铁质，而内脏类食物含丰富铁质，可以促进造血。

摄入充足的钙

孕晚期钙的需求量明显增加，一方面是增加母体钙质的储备，另一方面是帮助胎儿的牙齿和骨骼钙化。胎儿体内钙的一半是在孕期最后两个月储存下来的。一般来说，孕晚期钙的供给量是每日1200毫克，是孕前的1.5倍，孕妈妈应多食富含钙质的食物。

营养专家告诉你

牛奶含钙丰富，且容易被身体吸收，是孕妈妈补充钙质的最佳来源。

不爱喝牛奶的孕妈妈可以选择酸奶、配方奶粉及钙剂。酸奶是由鲜牛奶加工而成的，没有鲜牛奶的腥味，且含有乳酸菌，能预防孕期便秘。孕妈妈也可以喝些孕妇奶粉，能补充钙质。对所有奶制品都不喜欢的孕妈妈，可以在医生的指导下服用一些钙剂。

避免引起浮肿

孕妈妈最好能避免进食盐分过多的食物，含防腐剂、人工增味剂的速食面、加工食品等更应避免。同时，也不宜多食含水分太多的水果，以免引起浮肿。

多吃膳食纤维防止便秘，促进肠道蠕动

孕晚期，逐渐增大的胎儿给孕妈妈造成了很大的影响，孕妈妈很容易发生便秘，继而可能导致痔疮的发生。所以，为了防治便秘，孕妈妈应该多摄取膳食纤维，以促进肠道的蠕动，防止便秘的产生或改善便秘的症状。

全麦面包、芹菜、胡萝卜、红薯、土豆、豆芽、菜花等食物中都含有丰富的膳食纤维，孕妈妈可选择食用。

此外，孕妈妈要养成每日定时排便的习惯，还应该适当进行户外运动，这些都有利于防治便秘。

孕妈问

吃晚饭总觉得胃部有烧灼感，晚上症状还会加重，如何缓解？

产科医生答 1.日常饮食一定要少食多餐，平时随身带些有营养且易消化的小零食，饿了就吃一些，不求吃饱，不饿就行。

2.避免饱食，少食高脂肪食物和油腻的食物，吃东西的时候要细嚼慢咽，否则会加重肠胃负担；临睡前可以喝一杯热牛奶。

3.多喝水，补充水分的同时还可以稀释胃液。摄入碱性食物，如馒头干、烤馍等，可以中和胃酸，缓解症状。

孕晚期每日饮食推荐

餐次	食物	原料	量（克）	能量（千卡）	蛋白质（克）	脂肪（克）	碳水化合物（克）
早餐	蛋羹	鸡蛋	60	72.036	6.786	4.698	1.044
	蔬菜汤面	小白菜	50	6.075	0.81	0	0.81
		小麦粉	50	172	5.5	1	36
上午加餐	饼干	饼干	25	108.25	2.25	3.25	17.75
	苹果	苹果	200	79.04	0	0	18.24
午餐	二米饭	小米	37	132.462	3.33	1.11	27.38
		大米	75	259.5	5.25	0.75	57.75
	红烧鱼	鲤鱼	100	58.86	9.72	2.16	0
		花生油	5	44.95	0	5	0
	木耳虾皮炒圆白菜	虾皮	10	15.3	3.1	0.2	0.2
		花生油	5	44.95	0	5	0
		木耳	10	20.5	1.2	0.2	3.6
		圆白菜	100	18.92	1.72	0	3.44
下午加餐	核桃2个	核桃	50	134.805	3.225	12.685	2.15

餐次	食物	原料	量（克）	能量（千卡）	蛋白质（克）	脂肪（克）	碳水化合物（克）
晚餐	鸡丁黄瓜口蘑	口蘑	25	60.5	9.75	0.75	3.5
		鸡胸脯肉	100	133	19	5	2
		花生油	5	44.95	0	5	0
		黄瓜	50	6.9	0.46	0	0.92
	番茄茄丝	番茄	100	19.43	0.97	0	3.88
		茄子	50	9.765	0.465	0	1.86
		花生油	5	44.95	0	5	0
	杂粮饭	大米	75	259.5	5.25	0.75	57.75
		高粱米	37	129.87	3.7	1.11	25.9
晚上加餐	牛奶燕麦粥	燕麦片	25	91.75	3.75	1.75	15.5
		牛奶	150	81	4.5	4.5	4.5
合计				2074.89	93.751	60.7	285.982

（以身高160～165厘米，孕前体重55～60千克的孕妈妈为参考标准，孕晚期食谱举例）
（参考：协和医院营养餐单）

胃口
时好时坏

孕8月

孕周	胎儿的发育	孕妈妈的变化
第**29**周	不断累积皮下脂肪，长出了手指甲 视觉发育已完成，用光线对其照射时，胎儿的脖子会随着光线的方向转动	身上容易长出黑痣或雀斑，还会因油脂和水分的不均衡导致皮肤上出现角质 保证充足睡眠，缓解压力，能预防黑痣和雀斑之类的皮肤问题 躺久了会出现头晕、心慌、出汗等症状，改换左侧卧位可缓解
第**30**周	胎儿性征开始明显，女宝宝的阴蒂开始变大，并长出了阴唇模样的组织	变大的子宫接触到了横膈膜，可能会造成呼吸不畅 容易发生便秘、消化不良和小腿痉挛
第**31**周	胎儿的肺部和消化器官都已经形成 照射孕妇的腹部表面时，可以观察到胎儿做出的反应，眉毛和睫毛已经生长完整	血液和体液量增加，腿部容易发生浮肿 当骨盆的血管被子宫压迫时，有可能导致整个下半身的血液循环受阻
第**32**周	头部、臂部和腿部开始长成正常比例，开始有排尿行为 活动空间减少，胎动的次数也减少了	腹部的深色条纹可能变得更加明显，肚脐有可能变得平整，也有可能会明显凸出 脊柱和骨盆的关节变化，容易导致孕妈妈出现腰部疼痛

本周注意事项	饮食注意事项	适合孕8月食用的食物
如脉搏突然发生变化或手掌出现红晕时要警惕是否有甲状腺功能异常 在准备服用营养品时一定要遵照医生的指示和建议	选择能强化大肠功能的饮食，如梅子、牡蛎等	富含蛋白质的豆制品，如豆腐、豆浆等

洗浴时，水温不要过热，还要特别小心脚底打滑 高龄孕妈妈可能会出现综合征反应，要多加留意	增加新鲜蔬菜和鱼类的摄入量 多饮芹菜汁，能缓解妊娠期高血压疾病	多吃海产品，如海带、紫菜等

乳房体积变大，即使受到很小的刺激也会出现明显阵痛，尽量不要用力搓按 在感到困倦时，可以采取侧卧姿势，能有效消除疲劳感		坚果类食物，如榛子、杏仁、核桃等

从现在开始，每2周做一次定期检查 坚持按摩乳房 适当散步能减轻浮肿		

孕妈妈的营养状况

营养情况自测表（厘米）

怀孕32周	下限	上限	标准
宫高	25.3	32	29
腹围	84	95	89

在孕晚期，孕妈妈的体重应增重5千克左右。现在，胎儿正在为出生做最后的冲刺，这个时期，孕妈妈的体重就是每周增加500克也是正常的。

如果体重增长得过多，孕妈妈就应减少淀粉和脂肪的摄入，多吃蛋白质、维生素含量高的食品，控制体重，以免胎儿生长为巨大儿，造成分娩困难。

孕8月营养饮食方案

孕8月，胎儿的发育很快，孕妈妈需要保证充足的营养来满足胎儿生长发育的需要。

1.孕妈妈在主食米、面之外，需要增加一些粗粮，如小米、玉米、燕麦片等，帮助消化。

2.多食玉米、花生、芝麻、植物油等含亚油酸的食物，能促进胎儿大脑发育。

3.海参、海米、海带、紫菜、海蜇等富含微量元素的海产品，不会使孕妈妈的体重增加过快，不妨多吃些。

孕8月重点营养素

孕8月，孕妈妈的基础代谢达到了最高峰，胎儿的生长速度也达到最高峰，体重迅速增加，对营养的需求量增加，应继续保证热量供给，增加优质蛋白的摄入。

1. 蛋白质

孕妈妈要增加优质蛋白的摄入。每天75～100克。

2. 碳水化合物

孕8月的胎儿开始在肝脏和皮下储存糖原和脂肪。此时如果孕妈妈碳水化合物摄入不足，将导致孕妈妈体内的蛋白质和脂肪分解加速，容易造成蛋白质缺乏或出现酮体。所以，孕妈妈要保证热量的供给，保证每天主食300～350克，总脂肪量60克。

3. 维生素和矿物质

孕妈妈要适量补充各种维生素和矿物质。此外，饮食中要少放盐，以减轻水肿，预防妊娠高血压综合征。

4. 水

孕妈妈每天要喝6～8杯水，以保证水分的充足供应。

孕8月一日参考食谱举例

餐次	用餐时间	食谱举例
早餐	7：00~8：00	鸡丝粥（鸡丝20克，大米50克），煎鸡蛋1个，肉包子1个，醋溜白菜（白菜200克）
加餐	10：00	梨子1个，酸奶150毫升
中餐	12：00~12：30	抓炒鱼片（鱼肉75克），炝腰片（腰片30克），芹菜炒肉丝（芹菜150克，猪肉50克），番茄鸡蛋汤（番茄80克，鸡蛋25克），米饭100克
加餐	15：00	酸奶150毫升，腰果6枚
晚餐	18：00~18：30	清炖牛肉（牛肉100克），宫保鸡丁（鸡肉50克），清炒土豆丝（土豆100克），荞麦面条1碗
加餐	21：00	牛奶200毫升，饼干50克

准爸爸必修课：帮助孕妈妈克服恐慌

每位孕妈妈都希望生一个聪明又健康的宝宝，但往往对怀孕及分娩感到紧张、焦虑甚至恐惧，而这些不良的精神压力又会引起前列腺素的分泌，诱发宫缩，导致早产。

这时候，准爸爸应承担起家庭领导者的角色，从各个方面帮助孕妈妈克服这种产前的恐慌焦虑情绪，陪孕妈妈定期进行产检。在饮食上给妻子全面的营养，多了解一些分娩的相关知识。

这个月，孕妈妈作为分娩者，可能将疼痛、危险等扩大化，准爸爸就需要告诉孕妈妈分娩的实施情况，缓解她的焦虑情绪。越到临近生产时，孕妈妈就越需要陪伴和照顾。

有很多事实表明，临产时，只要准爸爸陪在身边，孕妈妈就会感觉轻松很多。因此，关键时刻准爸爸多多陪伴在孕妈妈身边吧！

孕妈妈怀孕后容易出现情绪波动，准爸爸随时陪伴孕妈妈，有利于平稳孕妈妈的情绪。

孕8月饮食要点

孕晚期无需大量进补

孕晚期不需大量进补，否则容易导致孕妈妈的过度肥胖和巨大儿的发生。孕妈妈在怀孕期间的体重增加10～15千克为正常，如果体重超标，容易引发妊娠期糖尿病。

新生婴儿的体重也并不是越重越好，一般来说2.5～4千克是最标准的体重。2.5千克是下限，超过4千克是巨大儿。巨大儿出生时，容易造成孕妈妈的产道损伤，产后出血概率也大大增加。此外，巨大儿产后对营养的需求量大，但自身摄入不足，所以更容易生病。

孕妈妈要多食能对抗孕晚期水肿的食物

孕妈妈在怀孕的中晚期经常会发生水肿，这会加重怀孕的辛苦，还容易发生妊娠高血压综合征。

为了对抗水肿，需要限制饮食中的盐分。那么，如何在缺少盐分的情况下烹制出美味呢？可以借助甜味和酸味来调节食物的味道，或是充分发挥食材本身的鲜香。

番茄山楂炖牛肉 山楂和番茄中含有有机酸，不仅能调剂低盐对食物口味的影响，还能让纤维粗大的牛肉变得软烂易熟。孕妈妈每餐进食1克盐，全天不超过3克，就能满足孕妈妈水肿对低盐饮食的要求。

醋烹翅中 醋烹的方法能让餐桌上荡漾着诱人的醋香，能弥补食物的味道，这种烹饪方法也同样适用于其他食材的烹制。

酸辣冬瓜汤 夏天孕妈妈口味会比较差，低盐酸辣冬瓜汤兼有消暑开胃、利水消肿的功效，孕妈妈不妨多食。

酸辣冬瓜汤

孕妈妈多吃鱼能降低早产概率

医学研究认为，孕妈妈吃鱼越多，怀孕足月的可能性就越大，出生时的婴儿也会较一般婴儿更健康、更聪明。

经常吃鱼的孕妈妈出现早产和生出体重较轻婴儿的可能性要远远低于那些平常不吃鱼或很少吃鱼者。调查还发现，每周吃一次鱼，能降低孕妈妈早产的可能性。

鱼肉之所以具有如此"神效"，是因为其中富含 ω–3脂肪酸，这种物质能延长孕期、防治早产，也能有效增加婴儿出生时的体重。

 营养专家告诉你

孕妈妈需要注意的生活细节

站立时，两腿要平行，两脚稍稍分开，把重心放在脚心上。

避免做高危动作，如站在小凳子上够取高出的东西、长时间蹲着做家务、双手拾取重物等。

上下楼梯一定要扶着扶手，看清台阶踩稳了再迈步等。

本月关注

适合孕晚期的食物

食材	功效
冬瓜	利尿消肿。孕晚期，由于激素等影响，易造成孕妈妈体内水钠滞留而形成水肿。冬瓜中富含维生素C，且钾盐的含量高，是孕晚期消除水肿的最佳食物 控制体重。冬瓜中富含丙醇二酸，能有效抑制糖类转化为脂肪。此外，冬瓜不含脂肪，热量很低。孕晚期多进食冬瓜能控制孕妈妈的体重，避免胎儿过大
巧克力	助产大力士。巧克力富含碳水化合物、脂肪、蛋白质和各类矿物质，且能在短时间内被人体吸收，并迅速转化成热量，非常适合急需热量和体力的孕妈妈。因此，临产前一定要多吃几块巧克力 保护心脏。巧克力中多酚的含量特别高。研究表明，多酚具有与阿司匹林相似的作用，因而能预防心血管疾病
虾仁	补钙佳品。虾仁营养丰富，蛋白质含量高、质量好，还含丰富的钙、碘、镁、磷等矿物质和维生素A等成分。虾仁中丰富的钙质能满足孕妈妈的身体需要 保护心脏。虾仁中含有丰富的镁，镁对心脏活动有重要的调节作用，能保护心血管系统，减少血液中的胆固醇含量，防止动脉硬化
豆芽	预防便秘。豆芽中富含膳食纤维，能润肠通便，有效排除体内多余垃圾 豆子在发芽过程中，维生素类物质的含量也会大大增加，也可以提高钙、锌的吸收率

食材	功效
豆腐	补充蛋白质。胎儿的身体不断成长，大脑发育加快，同时孕妈妈的胎盘、子宫和乳房等组织日益增大，需要消耗大量蛋白质和热量。豆腐中蛋白质含量丰富，不仅含有人体必需的8种氨基酸，而且其比例也接近人体需要 富含卵磷脂。豆腐中含丰富的大豆卵磷脂，能帮助神经、血管和大脑的发育生长，帮助孕妈妈出聪明宝宝 预防乳腺癌。豆腐含植物雌激素异黄酮，能降低血液中血胆固醇的浓度，使动脉更有弹性，防止心脏受损。异黄酮还能调节细胞的生成、分化和凋亡，对与激素水平相关的癌症，如乳腺癌等，有一定的预防作用
酸奶	提高孕妈妈的免疫功能。酸奶富含各种营养素，其中的乳酸菌能增强机体免疫，能帮助孕妈妈提高抗病能力 提高食欲。乳酸有比较好的抑菌整肠的作用，可以使肠道中的弱碱性环境转变成弱酸性，维护肠道菌群的生态平衡。酸奶中含有的酶能促进胃液分泌，加快消化，帮助吸收
花生	帮助生长发育。花生富含谷氨酸、赖氨酸、天冬氨酸和脂肪，有助于胎儿大脑发育 补血。花生红色仁皮中含生血的物质，能刺激骨髓造血，对孕妈妈的造血功能有益。孕妈妈临产前适宜多食 通乳。花生中富含脂肪酸和蛋白质，孕妈妈常食能预防产后缺乳
生蚝	补充锌元素。生蚝中含有大量锌，能促进胎儿中枢神经系统的发育，让宝宝更加聪明 为孕妈妈分娩补血。生蚝含有大量B族维生素，其中维生素B_{12}含量最为丰富，是骨髓造血不可缺少的物质

孕妈妈营养美味菜

肉末黄豆芽 利水消肿

材料　黄豆芽250克，牛肉100克。

调料　蒜末、葱花、花椒粉、盐、植物油
　　　各适量。

做法

1. 黄豆芽择洗干净；牛肉洗净，切成
   肉末。

2. 炒锅置火上，倒入适量植物油，待油温
   烧至七成热，放葱花、花椒粉炒出香
   味，放入牛肉末滑熟，加黄豆芽炒至断
   生，用蒜末、盐调味即可。

营养指南 黄豆芽性寒，味甘，有清热利
湿、消肿除痹的功效，适合水肿的孕妈妈
食用。

萝卜牛腩汤 滋养脾胃

材料　牛腩300克，白萝卜100克。

调料　姜片、盐、陈皮各适量。

做法

1. 将牛腩洗净切块，放入锅中，注入适量
   清水，以大火烧开，略煮片刻以去除血
   水，捞出沥干。

2. 白萝卜去皮洗净，切成大块。

3. 锅内注入适量清水，放入牛腩块、萝卜
   块、姜片、陈皮、大火煮开，改小火煲
   约2小时，加盐调味即可。

营养指南 牛肉性温，味甘，有滋养脾胃
的功效，适合孕妈妈食欲不佳时食用。

孕9月

孕妈妈注意
控制体重

孕周	胎儿的发育	孕妈妈的变化
第 33 周	开始吞入羊水，进行肺部活动 开始进行呼吸练习 头发变长，男宝宝的睾丸完全进入阴囊	乳房按摩最好在洗澡以后、上床以前进行，能收到很好的效果 孕妈妈体重迅速增加，胸部的不适感也更加严重
第 34 周	胎儿头部骨骼开始变硬，皮肤上的皱纹减少，手脚上的指甲继续生长 可以通过收缩刺激检查了解胎儿的健康状况了	胎儿的位置有所下降，呼吸变得轻松起来 激素分泌增多使乳腺保持发达的状态 乳头变得黏着，会分泌少量乳汁
第 35 周	肺部快速发育 这个时期出生的胎儿存活率接近99%	随着分娩的临近，腰部的疼痛症状会加重 身体变重，孕妈妈的情绪波动会较大，很难进入熟睡状态
第 36 周	皮下脂肪增多，为出生后体温调节做准备 胎儿暂时还不能自主呼吸	膀胱受压迫，孕妈妈仍会有尿频现象 距离预产期越来越近，胎动的次数比以前明显减少

本周注意事项	饮食注意事项	适合孕9月食用的食物
羊水随时都有破裂的可能，所以孕妈妈准爸爸们要先了解下早期破水的各种迹象	多食能促进宝宝骨骼发育的食物 多食用鲤鱼，为分娩时的喂哺做准备	富含脂肪的食，如核桃、芝麻、栗子、桂圆、黄花菜、香菇、虾、鱼头、鸭、鹌鹑等

乳腺继续发达着，容易造成胸部发涨或疼痛 注意早期阵痛的状况		富含维生素B$_1$的食物，如小米、花生、猪肉、肝脏、蛋类等

先了解阵痛的状况以及何种情况下必须去医院 随着时间推移，有规律的宫缩持续时间会慢慢增加，强度上也有所上升		富含维生素K的食物，如菜花、白菜、菠菜、莴苣、番茄、瘦肉、肝脏等

乳房按摩不可少，能为出生后的宝宝顺利实现母乳喂养 如采用的是自然分娩的方法，在分娩2天后就能出院了，恢复也较快		

孕妈妈的营养状况

营养情况自测表（厘米）

怀孕36周	下限	上限	标准
宫高	29.8	34.5	32
腹围	86	98	92

这个月，孕妈妈的体重以每周500克的速度增长，几乎有一半重量长到了宝宝身上。到孕9月的末尾，孕妈妈体重的增长已经达到了最高峰，大约已增重11～13千克。

孕9月营养饮食方案

1.孕妈妈胀大的子宫容易使胃、肺和心脏受到压迫，因此，不要一次进食太多，最好少食多餐，多摄取容易消化且营养成分高的食物。

2.保证营养全面，限制钠的摄入，增加铁、钙、维生素K、维生素B₁的摄入，为分娩做好准备。

3.孕妈妈要注意调整适量，使胎儿保持一个适当的出生体重，从而有利于胎儿的健康成长。

营养专家告诉你

胎儿在不停生长着，很多孕妈妈有半夜被饿醒的经历，这是胎儿在向你讨吃的呢。这时候可以喝点粥，吃2片饼干，喝1杯奶，或者吃2片豆腐干，2片牛肉，漱漱口，再接着睡觉。

孕9月重点营养素

1. 优质蛋白质

孕妈妈每天摄入优质蛋白质75～100克。以鸡肉、鱼肉、虾、猪肉等动物蛋白为主，可以多吃一些海产品。

2. 脂肪

每天摄入的总脂肪量为60克左右。孕9月，胎儿大脑中某些部分还没有成熟，孕妈妈适量补充脂肪是必需的。

3. 钙质

胎儿体内的钙质一半以上是在孕期最后2个月内储存的，如果孕9月孕妈妈钙摄入量不足，胎儿就要动用母体骨骼中的钙，容易导致妈妈发生软骨病。

4. 维生素K

如果孕妈妈缺乏维生素K，将会造成新生儿出生时或满月前后出现颅内出血。因此，孕妈妈要多食用动物肝脏、绿叶蔬菜等食物。

5. 维生素B₁

如果孕妈妈维生素B₁补充不足，容易出现呕吐、倦怠、乏力等现象，还有可能影响分娩时的子宫收缩，使产程延长，造成分娩困难。富含维生素B₁食物的有红豆、鸡蛋、坚果、干酵母、动物内脏等。

红豆不仅可缓解倦怠，还有健脾除湿的功效，适合水肿的孕妈妈食用。

6. 铁
胎儿肝脏以每天5毫克的速度储存铁，直到存储量达到540毫克。如果此时孕妈妈铁摄入量不足，会影响胎儿体内铁的存储，出生后易患缺铁性贫血。

7. 维生素 A、维生素 D 和维生素 C
为了提高钙和铁质的吸收，还要注意补充维生素A、维生素D和维生素C。

孕9月一日参考食谱举例

餐次	用餐时间	食谱举例
早餐	7：00～8：00	豆浆250毫升，煮鸡蛋1个，面条1碗，香菇油菜（香菇50克，油菜150克）
加餐	10：00	香蕉1～2根，酸奶150毫升
中餐	12：00～12：30	香菜牛肉末（香菜100克，牛肉50克），海带排骨汤（海带50克，排骨100克），菠菜炒猪肝（菠菜200克，猪肝30克），米饭100克
加餐	15：00	酸奶150毫升，饼干50克
晚餐	18：00～18：30	肉炒百合（猪肉50克，百合20克），红烧海参（海参100克），口蘑鸡片（口蘑150克，鸡肉50克），大枣枸杞粥1碗
加餐	21：00	牛奶200毫升，饼干50克

准爸爸必修课：学习喂养宝宝的技巧

调配奶粉时要按照说明来调配奶粉和水的比例。奶粉太浓，水分相对不足，会损害肾脏；奶粉太稀，容易引起吐奶。

奶嘴孔大小要适当，否则婴儿容易将空气吸入胃部，或吸之不畅。

喂奶时间要根据婴儿的需要来灵活掌握。如果喂奶时间缺乏弹性，婴儿会哭得太久或吃奶太急，会吞进许多空气，吃完后就容易吐奶。

喂奶过程中和喂奶后，可以轻轻拍打婴儿的背部，帮助婴儿将吞入的空气嗝出。

喂奶后不要让宝宝平躺在床上，可以把枕头或毛巾放在床单上，使婴儿在躺下时，头部和胸部的位置高于腹部，成30°～45°，这能有效减少吐奶现象。

孕9月饮食要点

高锌食物有助于自然分娩

国外有研究表明，分娩方式与怀孕后期饮食中锌的含量有关。即孕后期每天摄入锌越多，自然分娩的机会就越大。锌能增强子宫相关酶的活性，促进子宫肌肉收缩，使胎儿顺利分娩出子宫腔。如果缺锌，子宫肌收缩力弱，无法自行分娩出胎儿，需要借助如产钳、吸引器等外力才能娩出，增加了分娩的痛苦，还有可能导致产后出血过多及其他妇科疾病，严重影响母婴健康。

在孕期，孕妈妈需要多吃一些富含锌元素的食物，如猪肾、瘦肉、海鱼、紫菜、牡蛎、蛤蜊、黄豆、核桃、花生等。特别是牡蛎，含锌最高，可以多食。

营养专家告诉你

在这个月，孕妈妈和家里人都在期待着一个新生命的降临。这时应多了解分娩知识，为分娩做好物质和心理准备。孕妈妈需要注意下面的细节：

1. 由于有早产可能，应准备好去医院应带的物品，以便随时出发。

2. 避免单独外出，更不要外出太久，以免过度疲劳，避免同房。

3. 穿后跟低而平稳的鞋子，防止身体不稳损伤到腰部。

补充维生素K，预防产后大出血

维生素K是一种凝固血液的脂溶性维生素，因其在人体中起抗凝剂作用，能促使肝脏制造凝血酶原，所以又叫"凝血维生素"或"抗出血维生素"，孕妈妈在孕期补充适量的维生素K，可以预防产后大出血和新生儿出血症。

维生素K缺乏的症状

如果孕妈妈缺乏维生素K，会增加流产和产后大出血的风险。即使胎儿侥幸活下来，也会因体内凝血酶低下，导致颅内、消化道出血等，不利于健康。此外，维生素K还与一些和骨质形成的蛋白质关系密切，如果缺乏维生素K，还可能导致孕妈妈骨质疏松等。人体对维生素K的需求量较少，建议孕妈妈每天摄入120微克即可。

维生素K的食物来源

维生素K的来源主要有两方面，首先是肠道内细菌的合成，其次是从食物中摄取。维生素K广泛存在于各种食物中，其中富含维生素K的粮食作物和蔬菜的品种较多，富含维生素K的植物性食物主要有：菜花、绿茶、南瓜、西蓝花、水芹、香菜、莴苣、小麦、玉米、燕麦、土豆、青豆、豇豆等。补充维生素K的最佳途径就是食用菜花，调查显示，每周食用几次菜花可使毛细血管壁加厚、韧性增强，减少出血风险。

菜花中含有丰富的维生素K，孕妈妈常食可以补充维生素K，预防产后大出血。

营养专家告诉你

怀孕期间若大量服用维生素K，会使新生儿发生生理性黄疸，还会降低口服抗凝血药的药效，所以孕妈妈不适宜大量服用维生素K。

吃些缓解产前焦虑的食物

到了这个月，很多孕妈妈都会出现产前焦虑现象，这不仅影响母婴的健康而且不利于分娩。孕妈妈可以通过饮食调整，来缓解产前焦虑。建议孕妈妈多吃下面的四类食物来缓解产前焦虑。

富含B族维生素的食物

B族维生素是脑神经传导过程中所需的重要物质，能减少情绪的波动，缓解产前焦虑情绪，所以孕妈妈可以多食一些富含B族维生素的食物，如鸡蛋、深绿色蔬菜、谷类、南瓜子、芝麻等。

富含维生素C的食物

维生素C能消除紧张，起到安神、静心等作用，所以孕妈妈可以多吃富含维生素C的食物，如新鲜的蔬菜和水果。

富含钾离子的食物

钾离子具有舒缓情绪、稳定血压的作用，所以孕妈妈产前可以吃些富含钾离子的食物，如香蕉、瘦肉、坚果类等。

深海鱼

深海鱼含有大量Ω-3脂肪酸，能促进血清素的分泌，从而缓解产前焦虑情绪，所以孕妈妈可以多吃些深海鱼，如鲑鱼等。

不宜大量饮水

孕晚期容易出现血压升高、妊娠水肿。饮食的调味宜清淡，少吃过咸的食物，更不宜一次性大量饮水。每天保证1500毫升的摄入量即可，以免影响进食。

不宜吃烧烤食物

吃烧烤时，最大的危险来自于没烤熟的肉，因为没有烤熟的肉中可能寄生有沙门菌。怀孕时，孕妈妈的免疫系统功能相对较弱，更容易被细菌所感染，导致患病。

 孕妈问

下个月就是预产期了，什么时候开始休假比较好？

产科医生答 到了孕晚期，上班族孕妈妈的行动已经很不方便了，虽然可以继续工作，但路上一定要注意交通安全，避免腹部受挤碰。工作间歇可以轻度活动。一般来说，在预产期前半个月开始休产假。

 孕妈问

这几天我感觉到头晕眼花，这是怎么回事？

产科医生答 一般来说，孕早期妊娠反应较重时，会出现头晕眼花的症状。如果现在有这种感觉的话，一定要到医院就诊，检查有无贫血、高血压或妊娠高血压综合征等，以免引起不良后果。

本月关注

避免妊娠中毒症

妊娠中毒症又称为妊娠水肿、高血压、蛋白尿综合征，是孕妈妈和临产妈妈的特有疾病，常发生在孕晚期和产褥期。妊娠中毒症容易引起早产，严重的会威胁到母婴的生命安全。

妊娠中毒的类型

轻度妊娠中毒症

下肢轻度浮肿，休息后不消失，血压升高到17.3~20/12~13.3千帕。

中度妊娠中毒症

下肢或其他部位乃至全身水肿，血压升高到20~21.3/13.3~14.7千帕，出现蛋白尿。

重度妊娠中毒症

全身水肿，血压在22.7/14.7千帕以上，蛋白尿严重。病人还可出现头痛、头晕、呕吐及视力障碍，严重者出现抽搐和昏迷。常并发心脏病和肾功能衰竭。

妊娠中毒症患者的饮食注意

妊娠中毒症与孕期饮食分不开，所以，孕妈妈在孕期要注意饮食的调整，以预防妊娠中毒症的发生。

1.摄取足够的优质蛋白和必需脂肪酸。孕晚期胎儿发育旺盛，需要足够的优质蛋白。同时，由于蛋白尿的发生，从尿液中流失了一部分蛋白质。因此，除了并发严重的肾炎者，一般不用限制蛋白质的摄入。必需脂肪酸的缺乏往往会加重妊娠中毒症状，所以应多吃点植物油。

2.多吃蔬菜和水果。蔬菜要以绿色为主。虽说要多吃，但一定要注意，有些如菠萝、山楂、柿子等，孕妈妈是不能吃的，因为会影响正常妊娠。

3.限制水分和盐分的摄入。水分在体内积蓄，是引发水肿的重要原因。一般轻度中毒的孕妈妈可以自己掌握，尽量减少水分的积蓄。

4.使用植物油做菜。怀孕期间孕妈妈不要吃猪油、黄油等动物油，尽量选用花生油、橄榄油等植物油，这类食用油炒菜清淡，不易累积过多脂肪。

生滚鱼片粥

材料 草鱼肉30克，鸡蛋清1个，大米50克。

调料 香菜段、葱花、姜丝、盐、淀粉各适量。

做法

1.将草鱼肉洗净，切成片，放入碗中，加鸡蛋清、盐、料酒、淀粉上浆；大米淘洗干净。

2.锅内倒油烧热，爆香葱花、姜丝，倒入清水烧沸，下大米煮沸，用小火熬至粥稠，加入鱼片滚熟至变色，用盐调味，撒上香菜段即可。

推荐菜谱

孕妈妈营养美味菜

番茄牛肉煲 *强筋健骨*

材料 牛肉300克，番茄150克。

调料 盐、料酒、姜片、葱段、熟植物油、干辣椒段、花椒、白糖、酱油、甜酒酿、鲜汤、香油、鸡精各适量。

做法

1. 牛肉洗净，切丁，放在碗内，加盐、料酒、姜片、葱段拌匀，腌渍约30分钟，拣去葱、姜；番茄洗净，切丁。

2. 炒锅上火，倒熟植物油烧至七成热，放入牛肉丁炸至棕褐色，捞出沥油。

3. 锅内留熟植物油烧至四成热，下干辣椒段、花椒炸香，下入番茄炒出香味，加入鲜汤，放入牛肉、盐、酱油煮沸，加入甜酒酿、白糖、鸡精、香油即可。

韭菜炒虾仁 *补肾，健脾，安胎*

材料 虾仁300克，嫩韭菜150克。

调料 花生油、香油、酱油、盐、葱丝、姜丝、高汤各适量。

做法

1. 虾仁洗净；韭菜洗净，切成2厘米长的段。

2. 炒锅放油烧热，下葱、姜丝炝锅，放虾仁煸炒2~3分钟，加酱油、盐、高汤稍炒，放韭菜大火炒2分钟，滴上几滴香油，盛盘即可。

营养指南 适合孕妈妈春季食用，能补肾，健脾，安胎，对孕妈妈常有的肾虚、胎动不安、下肢水肿等病症有较好的调养作用。

孕10月 胃口好了也别吃太多

孕周	胎儿的发育	孕妈妈的变化
第 37 周	胎儿继续生长，体重不断增加 大量的皮下脂肪生成	胎儿向骨盆下部移动，有可能会造成痔疮 警惕发生羊水破裂，子宫颈部会变软变薄
第 38 周	通过胎儿监护仪能观察其心脏的跳动情况 进行宫缩压力检查，确认胎儿的健康情况	避免仰卧姿势，否则容易造成呼吸困难和恶心 适当运动，能缓解不安情绪
第 39 周	肺部发育成熟 胎儿身体的所有器官已经发育完善，此时出生的胎儿各项身体功能都能正常运作	控制体重的增长幅度，太大的话，胎儿位置的下降可能会使行走变得更加困难 分娩后原来腹部扩增的部位可能会留下白色纹路
第 40 周	胎儿几乎占据了整个子宫，没有空间活动了 根据预产期，胎儿将会在这一周出生	腹部皮肤处于紧绷状态，也伴有瘙痒的感觉 乳晕颜色变深，这在哺乳时能起到引导宝宝的作用

本周注意事项	饮食注意事项	适合孕10月食用的食物
保持良好的饮食习惯 根据自己的身体进行能促进分娩的运动	多食能强化膀胱功能的食物，如海带、益母草等	富含维生素K、维生素C、铁的食物，如牛奶、紫菜、猪排骨、菠菜、豆制品、鸡蛋等

如有过早产经历，孕妈妈应严格禁止同房 想吃甜食的话，可以选择香蕉、葡萄、芒果等	多摄取能促进乳汁分泌的食物，如鲤鱼、乌鸡等	富含纤维素的蔬菜，如芹菜、韭菜、菠菜、豆角、豆芽、胡萝卜等

均衡摄取营养，为母乳喂养打好基础	分娩后，身体会比较虚弱，要及时补充营养	
孕妈妈阵痛和分娩的状况不尽相同，要做好充足的心理和物质准备 阵痛发生后就要开始禁食。期间出现恶心和呕吐症状是正常现象		

孕妈妈的营养状况

营养情况自测表（厘米）

怀孕40周	下限	上限	标准
宫高	30	35	33
腹围	89	100	94

在孕10月，每个孕妈妈的增重都不相同。一般说来，孕妈妈增重12～15千克左右是比较正常的。这时候孕妈妈最不适宜减肥。因为即将临盆，很多孕妈妈因为情绪上的波动而食欲不振，家人此时要安慰孕妈妈，帮助减轻压力，同时提供可口的食物，保证孕妈妈的营养摄入。

孕10月营养饮食方案

很快就到了怀孕的第10个月，宝宝就要出生了。孕妈妈的心情会比较复杂，甜蜜和恐惧都有。

1. 找准时机，最好在宫缩间歇期进食。

营养专家告诉你

孕妈妈应多食植物油。研究发现，人体所必需的脂肪酸，如亚油酸、亚麻酸和花生四烯酸等，人体自身不能合成，只能靠食物供给。而这些脂肪酸主要存在于植物油中，动物油含量极少。人体缺乏脂肪酸，容易出现皮肤粗糙、头发易断、皮屑增多等，婴儿易患湿疹。因此，为了预防宝宝出生后患湿疹，准爸爸做菜要用植物油哦。

2. 饮食最好富含糖分、蛋白质、维生素，孕妈妈可以根据自己的喜好，选择蛋糕、面汤、稀饭、肉粥、藕粉、点心、果汁、牛奶、苹果、西瓜、橘子、香蕉、巧克力等多种食物。

3. 注意补充水分，多喝红糖水或含铁丰富的稀汤，如牛奶、猪肝汤、菠菜汤、鱼汤等，为分娩时可能导致的体液及血液流失做准备。

4. 最好以少量多餐的形式，增强营养的补充。避免暴饮暴食，以免加重肠胃道负担，还容易在生产过程中引起"停食"、消化不良、腹胀、呕吐等不适反应。

5. 饮食最好清淡、易消化，忌油腻，最好不吃不容易消化的油炸或肥肉类、油性大的食物。

孕10月重点营养素

1. 蛋白质

孕10月，每天应摄入优质蛋白80～100克，为哺乳做好准备。

2. 脂肪和糖类

这个月可以多食脂肪和糖类含量高的食物，为分娩储备能量，保证每天主食或谷类300～400克左右，总脂肪量60克左右。孕妈妈可以多喝粥或面汤，还应注意粗细搭配，避免出现便秘。

3. 维生素

若无医生建议，孕妈妈在产前不要再补充各类维生素制剂，以免引起代谢紊乱。最好通过多食新鲜的蔬菜来获取足够的维生素。

孕10月一日参考食谱举例

餐次	用餐时间	食谱举例
早餐	7：00～8：00	豆浆250毫升，煮鸡蛋2个，清炒南瓜（南瓜150克），红枣大米粥1碗
中餐	12：00～12：30	蒜香茄子（茄子200克），盐水虾（虾50克），鱿鱼炒茼蒿（鱿鱼50克，茼蒿150克），青椒炒肉丝（青椒150克，肉丝25克），米饭100克
加餐	15：00	酸奶150毫升，葡萄干10粒
晚餐	18：00～18：30	芝麻拌菠菜（芝麻10克，菠菜150克），虾仁豆腐（虾仁50克，豆腐50克），素什锦（各种蔬菜200克），香菇鸡粥1碗
加餐	21：00	牛奶200毫升，饼干50克

准爸爸必修课：巧做临产饮食

宝宝很快就要如约与准爸爸孕妈妈见面了。对准爸爸孕妈妈来说，心情是相当复杂的，既恐惧又兴奋，也要特别关注饮食哦。

在临产前，准爸爸要多准备高蛋白、半流质、新鲜且美味的食品。这是因为临产前，孕妈妈会比较紧张，会有不想吃东西或吃得不多的现象。因此，要求食物的营养价值要高且热量高。准爸爸要让孕妈妈吃鸡蛋、牛奶、瘦肉、鱼虾和大豆制品等食物。

为孕妈妈准备的食物最好少而精，能防止胃肠道充盈过度或胀气，有利于顺利分娩。

多让孕妈妈食用含水分较多的半流质软食，如面条、大米粥等，为孕妈妈储备水分，以应对分娩过程中的水分损耗。

为了满足孕妈妈对热量的需求，在临产时不要忘了让孕妈妈吃些巧克力。

中医认为，当孕妈妈进入临产阶段后，在饮食调节上最好采取利窍滑胎的方法，这对于促进分娩、缩短产程、减少产痛有积极作用，对于初产妇或胎儿偏大的产妇来说更为重要。有这方面功效的食物有牛奶、蜂蜜、苋菜、冬葵叶等。

苋菜

孕10月饮食要点

孕晚期正常饮食即可

孕晚期不需大量进补，否则容易导致孕妈妈的过度肥胖和巨大儿的发生。孕妈妈在怀孕期间的体重增加10～15千克为正常，如果体重超标，容易引发妊娠期糖尿病。新生婴儿的体重也并不是越重越好，一般来说2.5～4千克是标准体重，2.5千克是下限，超过4千克是巨大儿。巨大儿出生时，容易造成孕妈妈的产道损伤，产后出血概率也大大增加。巨大儿出生后对营养的需求量大，但自身摄入不足，所以更容易生病。

所以，孕晚期孕妈妈只要坚持正常的饮食即可，不需要刻意增加营养。

待产期间适当进食

待产期间孕妈妈要适当进食，以补充体力，可以多吃一些富有营养、易于消化且清淡的食物，例如挂面、馄饨、鸡汤、鱼汤等。也可以随身携带一些高能量的小零食，如巧克力等，以便随时补充分娩时消耗的体力。

馄饨

第一产程：半流质食物

第一产程并不需要产妇用力，但是耗时会较长，所以孕妈妈可以借机尽可能多地补充些能量，以备有足够的精力顺利度过第二产程。

孕妈妈可以多吃稀软、清淡、易消化的半流质食物，如蛋糕、面条、糖粥、面包等，因为这些食物多以碳水化合物为主，在胃中停留时间比蛋白质和脂肪短，易于消化，不会在宫缩紧张时引起产妇的不适或恶心、呕吐。

糖粥

第二产程：流质食物

在即将进入第二产程时，随着宫缩加强，疼痛加剧，体能消耗增加，这时候多数产妇不愿进食，可尽量在宫缩间歇适当喝点果汁或菜汤、红糖水、藕粉等流质食物，以补充体力，增加产力。巧克力是很多营养学家和医生所力荐的"助产大力士"，孕妈妈不妨准备一些，以增加能量，补充体力。

藕粉

孕妈妈心悸气喘调养

到了怀孕后期，孕妈妈体内的血容量增加，心脏负荷加重，且因为子宫胀大，横隔受压迫，不少孕妈妈会感到呼吸急促而不顺畅。

调养方法

1.孕妈妈在怀孕晚期最好选择侧卧的睡姿，以减少心脏及横隔的压力，缓解胸闷气促不适。有的孕妈妈睡觉时，习惯用平卧的姿势，会加重气促不适感，因为平卧时，会将子宫及胎儿向上推，抵住横隔。

2.平日减少活动，多休息，不要讲话太多，以免气促加重。

3.孕妈妈心悸气喘的现象是比较常见的，但是如果还有胸痛或贫血，就应到医院就诊了。

心悸气喘调养方

龙眼汤

材料 龙眼干15克。

做法

将龙眼干放入锅内，加2碗水，用小火熬成八分满一碗即可。

营养指南 对缓解孕妈妈心悸有显著的功效。

猪心党参黑豆汤

材料 猪心1个，党参15克，黑豆20克。

调料 冬菇5个，葱1段，姜1片，盐适量。

做法

1.黑豆洗净，提前浸泡一夜；冬菇浸软，去蒂。

2.猪心洗去血污，切成2块，放入沸水中焯后捞出。

3.党参略冲洗，放入煲内，注入清水，用中火煲成1杯水待用。

4.注入适量清水于煲中，放入猪心煲约10分钟，除去水上的浮油及泡沫，加入葱段、姜片及黑豆用小火煲约1小时，放入冬菇、党参和适量清水，改用中火煲约30分钟饮用即可。

营养指南 猪心对于虚悸气逆、心虚等病症最有疗效，搭配党参煲汤，更能通顺血行，补血强心。

孕妈妈营养美味菜

虾仁炒豆腐 补钙高手

材料 豆腐150克，虾仁100克。

调料 葱花、姜末、植物油、酱油、淀粉、盐各适量。

做法

1. 虾仁洗净，用姜末、酱油及淀粉腌渍；豆腐洗干净，切小方丁。
2. 锅内倒油烧热，倒入虾仁，用大火快炒几下，将豆腐放入继续翻炒5分钟，加入盐炒匀，撒上葱花即可。

营养指南 每100克豆腐含钙量为105~113毫克；虾仁是味道鲜美的补钙能手，两者搭配食用能为宝宝出生储存足够的钙质。

猕猴桃冰沙 预防产前抑郁

材料 猕猴桃2个，炼乳50克，蜂蜜20克，冰块250克。

做法

1. 猕猴桃洗净去皮，切丁，放入搅拌机中搅碎。
2. 冰块放入搅拌机中打成冰沙，放入透明的玻璃碗中，倒入搅打好的猕猴桃，淋入炼乳和蜂蜜拌匀即可。

孕期重点推荐食材

哪些食物能让宝宝的头脑更聪明，皮肤更白嫩，眼睛更明亮？哪些食物可以让孕妈妈的身体更健康，分娩更顺利，产后乳汁更充盈？26种孕期必备天然食材营养解析，让孕妈妈吃得更加明白，更加健康。

小米

滋阴养血的"小珍珠"

小米的营养丰富，而且非常容易被人体消化吸收，被营养专家称为"保健米"，小米煮粥有"代参汤"之美称，是孕妈妈调养身体的滋补佳品。

助孕功效

健脾止呕

小米具有健脾和中、益肾气、清虚热、利小便、止烦渴的功效，是治疗孕妈妈脾胃虚弱、食欲不振、呕吐、反胃等症状的良品。

安胎益肾

小米有养肾安胎的作用，其富含的B族维生素，可以预防神经炎，促进胎儿的发育，防治习惯性流产。

滋阴养血

小米具有滋阴养血的功效，可以使虚寒的体质得到调养，帮助孕产妇恢复体力。

促进乳汁分泌

小米中的B族维生素能促进乳汁分泌，孕妈妈多吃小米可以为产后哺乳做好准备。

最佳食用方法

每餐食用60克为宜。

小米可以做成饭、粥等主食，还可以磨粉后做成各类糕饼。

小米中氨基酸的组成并不理想，所以最好和大豆或肉类食物混合食用，以提高小米中蛋白质的利用率。

橙色警示

产后不宜以小米为唯一主食，应注意搭配，以免造成营养缺乏。小米粥不宜太稀，淘米时不要用手反复搓洗，也不要长时间浸泡或用热水淘洗。

营养成分

（每100克可食部分含量）

蛋白质	9.2克
脂肪	3.2克
碳水化合物	73.3克
膳食纤维	1.6克
铁	5.6毫克
钠	9毫克
锌	2.08毫克
维生素B_1	0.67毫克
维生素B_2	0.12毫克
维生素B_6	0.18毫克
维生素B_{12}	73微克
胡萝卜素	190微克
叶酸	29微克
泛酸	1.7毫克
烟酸	1.6毫克

玉米

粗粮中的安胎圣品

玉米是我们日常主食中最佳的营养保健品，也是孕妈妈保胎安胎最理想的粗粮之一。

助孕功效

防止便秘和痔疮

鲜玉米中的纤维素含量很高，为精米、精面的6~8倍，可以刺激肠胃蠕动，减少胃肠疾病的发生，还能够帮孕妈妈有效防治便秘和痔疮。

保胎安胎

在嫩玉米粒的胚芽中，含有丰富的维生素E，而维生素E有助于安胎，可防治习惯性流产、胎儿发育不良等。

促进大脑发育，增强记忆力

黄玉米中含有类胡萝卜素，对人的智力、视力都有好处。甜玉米中蛋白质的氨基酸组成以健脑的天冬氨酸、谷氨酸含量较高，脂肪中的脂肪酸主要是亚油酸、油酸等多不饱和脂肪酸。这些营养物质都对智力发展有利。

最佳食用方法

煮熟后的玉米每次食用100克为宜。

可以煮熟后整个吃，虽然烹调过程中会损失部分维生素C，但同时却获得了更有营养价值的抗氧化剂。也可以做成玉米面粥、玉米碴粥、玉米面饼、窝头等主食。烤制后食用风味独特。在做玉米碴粥和窝头的时候，添加少量碱，可以使玉米中过多的烟酸释放出来，并且能保留维生素B1和维生素B2。玉米粒的胚芽尖部分也应该吃掉，因为里面蕴藏着很多营养。

橙色警示

发霉玉米中含致癌物质，绝对不能食用。

营养成分

（每100克可食部分含量）

蛋白质	4克
脂肪	2.3克
碳水化合物	40.2克
膳食纤维	10.5克
钙	1毫克
铁	1.5毫克
镁	32毫克
磷	117毫克
维生素B$_1$	0.21毫克
维生素B$_2$	0.06毫克
维生素B$_6$	0.11毫克
维生素B$_{12}$	15微克
维生素C	10毫克
维生素E	1.7毫克
叶酸	12微克
烟酸	1.6毫克

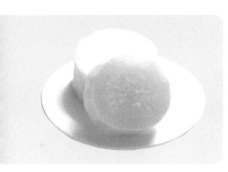

白萝卜

帮助孕妈妈预防感冒的"小人参"

白萝卜含有丰富的营养素，是地道的保健食品，素有"小人参"的美称。孕妈妈常吃白萝卜可以增强自己和胎儿的免疫力。

助孕功效

增强机体免疫力

白萝卜富含维生素C和微量元素锌，可以增强孕妈妈的免疫力，提高抗病能力。

健胃消食，防治便秘

白萝卜中的芥子油和膳食纤维能促进胃肠蠕动，润肠通便，其所含的淀粉酶还能分解食物中的淀粉、脂肪，使之得到充分的吸收，是孕妈妈理想的保健食品。

促进胎儿生长发育

白萝卜富含维生素C，对于胎儿细胞基质的形成、结缔组织的产生、心血管的发育以及造血系统的健全有重要作用。

白萝卜所含的维生素A原，即胡萝卜素，能促进胎儿视网膜的发育，让宝宝的眼睛更加明亮，还能预防夜盲症。

最佳食用方法

白萝卜生食每次200克左右，可以用醋拌成凉菜，或做成色拉，也可以做成萝卜汤、炒萝卜丝，或做饺子馅。与牛、羊肉炖食，益气补血，健脾消食，能增强孕妈妈的食欲。

橙色警示

尽量不要吃腌萝卜干，实在想吃，每次最好不要超过50克。白萝卜是凉性蔬菜，气血虚弱、脾胃虚寒，或患有慢性胃炎、先兆流产、子宫脱垂等病症的孕妈妈不宜食用。不宜与人参、何首乌一起食用，否则不但起不到补益作用，还可能导致皮炎、腹胀或腹泻等症状。

营养成分

（每100克可食部分含量）

膳食纤维	0.8克
钙	77毫克
磷	25毫克
钾	196毫克
钠	91.2毫克
镁	17毫克
锌	0.18毫克
硒	0.61毫克
维生素B₁	0.02毫克
维生素B₂	0.04毫克
维生素B₆	0.07毫克
维生素C	12毫克
维生素E	0.92毫克
胡萝卜素	20微克
叶酸	53微克
泛酸	0.18毫克
烟酸	0.5毫克

香菇

增强抗病能力的"植物皇后"

香菇的营养价值在平菇、草菇之上，而且具有高蛋白、低脂肪、低碳水化合物及富含多糖、多种氨基酸、多种维生素的特点，素有"植物皇后"的美誉。

助孕功效

帮助孕妈妈预防感冒

香菇有抗病毒和增强机体抵抗力的双重作用。研究表明，香菇中含有双链核糖核酸，还含有一种多糖物质，能提高机体对病毒的抵抗力。而且香菇含有一般蔬菜所缺乏的麦甾醇，这种物质经太阳中的紫外线照射后会转化为维生素D，经人体吸收后可以提高抵抗疾病的能力，因此孕妈妈多吃香菇可以预防感冒等疾病。

预防妊娠高血压

香菇中含有嘌呤、胆碱、酪氨酸、氧化酶以及某些核酸物质，可以帮助孕妈妈降低血脂和胆固醇，加速血液循环，有效预防和缓解妊娠高血压及妊娠水肿等疾病。

最佳食用方法

鲜香菇要选择菇香浓郁、菇面平滑稍带白霜、菇褶紧实细白、菇柄短而粗壮的。干香菇以干燥、颜色鲜明、没有霉菌、不碎的为佳。可以在熬鱼汤、鸡汤时加入香菇，有补中益气的作用。干香菇宜用低于40℃的温水泡发，浸泡时间以30～60分钟为宜，这样才能充分释放出香菇的鲜味。泡发香菇的水含有多种营养物质，不要丢弃，可以用来煮汤或加入其他菜中。发好的香菇应放到冰箱里冷藏，才不会损失营养素。

橙色警示

不要选择长得特别大的鲜香菇，因为它们通常是用激素催肥的。

香菇为发物，患有顽固性皮肤瘙痒症的孕妈妈不要食用。

营养成分

（每100克可食部分含量）

膳食纤维	31.6克
钙	83毫克
磷	258毫克
钾	1960毫克
镁	104毫克
锌	8.57毫克
硒	6.42毫克
维生素B$_1$	0.19毫克
维生素B$_2$	1.26毫克
维生素C	5毫克
维生素E	0.66毫克
叶酸	240微克
泛酸	16.8毫克
烟酸	7.93毫克

番茄

排解孕吐烦恼的黄金果

番茄营养丰富，口味酸甜，能够帮助孕妈妈顺利度过孕吐期，还能在孕期为孕妈妈补充维生素，是了不起的"黄金果"。

助孕功效

预防妊娠斑和妊娠纹

番茄含胡萝卜素、维生素A和维生素C，有消退色素的功效，能帮助孕妈妈预防和减轻妊娠斑和妊娠纹，还能进一步美白肌肤，让孕妈妈的皮肤变得更加年轻白皙。维生素C还能帮助孕妈妈防治牙龈出血、牙龈炎。

健胃消食，润肠通便

番茄含苹果酸、柠檬酸等有机酸，能促使胃液对脂肪及蛋白质的消化，还能调整胃肠功能，帮助胃肠疾病康复。番茄还含有果酸及纤维素，有润肠通便的作用，可防治便秘。

天然的抗氧化剂

番茄特有的番茄红素具有抗氧化能力，能清除自由基，保护视力。还能保持血管壁的弹性，预防心血管疾病的发生，并且有助于预防妊娠高血压。

最佳食用方法

每次食用100～250克为宜。番茄容易被碰坏，应装进塑料袋中放入冰箱内保存。

熟吃番茄比生吃更能获得番茄红素。

适宜与芹菜搭配，有降压、健胃、消食的功效。与菜花搭配，丰富的维生素可以有效清除血液中的杂质。

橙色警示

番茄性凉，患有急性肠胃炎、急性细菌性痢疾及脾胃虚寒的孕妈妈也不宜食用。不宜空腹吃番茄，否则容易引起胃胀痛。番茄加热时间不宜超过30分钟，因番茄红素遇光、热和氧气容易分解，失去保健作用。

营养成分

（每100克可食部分含量）

膳食纤维	1.9克
钙	4毫克
磷	24毫克
钾	179毫克
钠	9.7毫克
铜	0.04毫克
镁	12毫克
锌	0.12毫克
维生素B$_6$	0.06毫克
维生素C	14.0毫克
维生素E	0.42毫克
叶酸	5.6微克

猪血

快速补铁的人体"清洁剂"

猪血被称为"液体肉",含铁量特别丰富,有良好的补血功能,又能增补营养,是孕妈妈孕期理想的补品之一。

助孕功效

富含优质蛋白

猪血中所含的优质蛋白,能够为孕妈妈的健康和胎儿的成长提供丰富的营养。而且猪血含有人体必需的8种氨基酸,还含有多种矿物质,属于低脂肪、低热量食物,适合孕妈妈食用。

以血补血

猪血中的铁质,几乎都是极易被人体吸收的血红素铁,能够帮孕妈妈迅速补铁,预防缺铁性贫血。

有毒物质的清洁剂

猪血的血浆蛋白经胃酸和消化酶分解后,会产生一种可解毒、滑肠的物质。这种新物质能与侵入人体的粉尘、有害金属微粒发生生化反应,变成不易被人体吸收的废物,然后排出体外。

最佳食用方法

猪血每次食用25~50克为宜。最好购买盒装猪血。猪血可以采用炒、炖汤等烹调方法,烹调过程中最好加一些葱、姜、辣椒等调料,以去除猪血本身的异味。

橙色警示

腹泻等疾病患者不要食用猪血,以防止病情加重。

营养成分

(每100克可食部分含量)

蛋白质	12.2克
脂肪	0.3克
碳水化合物	0.9克
胆固醇	116毫克
钙	4毫克
铁	8.7毫克
磷	16毫克
钾	29毫克
钠	56毫克
铜	0.1毫克
镁	5毫克
锌	0.28毫克
硒	7.94微克
维生素A	12微克
维生素B$_1$	0.03毫克
维生素B$_2$	0.04毫克
维生素E	0.2毫克
生物素	2.3微克
维生素K	90微克
烟酸	0.3毫克

鸡肉

补虚催乳的滋补佳品

鸡的肉质细嫩，滋味鲜美，适合多种烹调方法，并富有营养，有滋补养身的作用，是孕妈妈孕期及产后不可缺少的滋补佳品。

助孕功效

增补体力

鸡肉是蛋白质含量非常高的肉类之一，有温中益气、补精填髓、益五脏、活血脉、强筋骨、补虚损的功效。

有助于预防妊娠高血压

鸡肉的氨基酸组成与人体的需要十分接近，消化率高，很容易被人体吸收利用。同时鸡肉中含有的脂肪酸多为不饱和脂肪酸，对人体有益。鸡胸肉是鸡肉中热量和脂肪含量最低的部位，常吃可以有效预防妊娠高血压综合征的发生。

增加抵抗力，防治感冒

鸡肉中含有大量的磷脂和维生素A，对促进胎儿生长发育、帮助孕妈妈和胎儿提高免疫力有重要意义。经常喝鸡汤，可以预防感冒。

适用于产后调养

鸡肉含有多种维生素、钙、磷、锌、铁、镁等营养成分，有很好的滋补作用，而且对水肿、食欲不振及产后乳汁不足等症状有着比较好的食疗效果，适用于孕妈妈产后调养。

最佳食用方法

鸡肉每餐食用100克左右为宜。鸡肉可以热炒、炖汤，也可以凉拌。

橙色警示

高温油炸的鸡肉热量极高，孕妈妈不宜经常食用，否则对自身健康及胎儿的发育都有不利影响。

营养成分

（每100克可食部分含量）

蛋白质	18.5克
脂肪	9.6克
碳水化合物	1.4克
钙	17毫克
铁	0.9毫克
磷	160毫克
钾	340毫克
钠	72.4毫克
铜	0.08毫克
镁	7毫克
锌	1.29毫克
硒	5.4微克
叶酸	11微克
泛酸	1.68毫克
烟酸	5毫克

牛肉

强身健骨的"肉中骄子"

牛肉蛋白质含量高，而脂肪含量低，所以孕妈妈可以通过吃牛肉来补充蛋白质，不必担心肥胖的问题。

助孕功效

增强体质

牛肉所含的蛋白质和氨基酸，比猪肉更接近人体的需要，能提高孕妈妈的抗病能力，对产后的身体恢复也很有好处。牛肉中还含有维生素B₆和锌，能够提高孕妈妈的免疫力。丰富的铁含量可以形成血红素和铁酵素，促进细胞能量的产生，从而提高体力。

生肌补血

牛肉中富含的肌氨酸比其他食物都高，并且含有丰富的锌、铁、维生素、肉毒碱等物质，对肌肉的生长有很好的作用，还能预防妊娠期缺铁性贫血。锌有利于神经系统的发育，对妈妈和宝宝都有益处。

预防骨质疏松

牛肉含维生素D和钙，能够巩固骨骼及牙齿，预防佝偻病和骨质疏松。孕妈妈对维生素D的需要量是普通人的两倍，所以牛肉非常符合孕妈妈的需要。

最佳食用方法

牛肉每餐食用50～100克为宜。烹调牛肉时多采取切块炖、煮、焖、煨、卤、酱等长时间加热的方法。炖牛肉时需要加热水，不要加冷水，这样可以使牛肉表面的蛋白质迅速凝固，防止氨基酸流失，并且保持肉味鲜美。

橙色警示

牛肉为发物，患疮疥、湿疹、瘙痒的人慎用。

营养成分

（每100克可食部分含量）

蛋白质	17.8克
脂肪	2克
碳水化合物	0.2克
钙	6毫克
铁	2.2毫克
磷	150毫克
钾	270毫克
钠	48.6毫克
铜	0.1毫克
镁	17毫克
锌	1.77毫克
硒	6.26微克
叶酸	6微克
泛酸	0.66毫克
烟酸	4.1毫克

鸡蛋

滋阴养血的"理想营养库"

鸡蛋含有人体需要的几乎所有的营养物质，被人们称作"理想的营养库""完全蛋白质模式"，是孕妈妈生活中必不可少的营养品。

助孕功效

健脑益智，提高记忆力

蛋黄中富含的卵磷脂被酶分解后，能产生出增强记忆力的物质。孕妈妈怀孕期间注意力都集中在宝宝身上，容易出现丢三落四的情况，可以吃些蛋黄来提高记忆力。

保护肝脏，增强免疫功能

鸡蛋中含有丰富的优质蛋白，对肝脏组织损伤有修复功能，卵磷脂可促进肝细胞的再生，增强机体的代谢功能和免疫功能。

预防衰老，延年益寿

鸡蛋中蛋氨酸含量特别丰富，而我们日常膳食中的谷类、豆类中都缺乏这种人体必需的营养物质。鸡蛋中的铁、磷、硒、锌等矿物质及维生素A、B族维生素的含量也比较丰富。鸡蛋中含有人体需要的多种营养物质，可以延缓衰老，延年益寿。

最佳食用方法

孕妈妈每天吃鸡蛋不宜超过2个。鸡蛋的最佳食用方法为蒸或煮。蒸蛋羹、蛋花汤都是很好的吃法。不喜欢吃鸡蛋的孕妈妈可以试着把鸡蛋夹在其他食物中，如面包、馒头、汉堡，或烤成蛋糕食用，都是很不错的选择。鸡蛋搭配奶类、蔬菜食用，可以达到营养互补。

橙色警示

喝生鸡蛋和开水冲鸡蛋不利于人体健康。发高烧时不宜吃鸡蛋，否则会引起消化不良；肾炎病人、肝胆病患者以及对蛋白质过敏的人应避免食用。

营养成分

（每100克可食部分含量）

蛋白质	13.3克
脂肪	8.8克
碳水化合物	2.8克
胆固醇	585毫克
钙	56毫克
铁	2.0毫克
磷	130毫克
钾	154毫克
钠	131.5毫克
铜	0.15毫克
镁	10毫克
锌	1.10毫克
硒	14.34微克
烟酸	0.2毫克

牛奶

钙质的最佳来源

牛奶含有丰富的蛋白质和矿物质，人体吸收率高达98%，而且胆固醇含量相对较少，是日常饮食中钙质的最佳来源。

助孕功效

预防缺钙

每天喝牛奶是孕期最好的补钙方法，牛奶中的钙最容易被孕妇吸收，而且磷、钾、镁等多种矿物质和氨基酸的比例也十分合理，是孕妈妈的理想饮品。

增加孕妈妈的免疫能力

牛奶所含的多种免疫球蛋白，能够增加人体的免疫抗病能力，还有防癌作用。

镇静安神

牛奶含有一种可抑制神经兴奋的成分，所以具有镇静安神作用。孕妈妈心烦意乱的时候，不妨喝一杯牛奶安安神。

最佳食用方法

孕妈妈每天要喝200～400毫升牛奶。一般情况下，冲牛奶的水温应该控制在40℃～50℃，温度过高会破坏牛奶中的奶蛋白等营养。睡前喝一杯牛奶可促进睡眠。喝牛奶前最好先吃点东西，或者边吃东西边喝牛奶。

橙色警示

牛奶忌与含植酸的食物（如菠菜）同食，以免影响孕妈妈对钙质的吸收。牛奶不宜生饮，也不宜煮沸饮用，加热到60℃即可。不是所有的人都适合饮用牛奶，有些人对牛奶会有不良反应，可以用酸奶或豆浆来代替。

营养成分

（每100克可食部分含量）

蛋白质	3克
脂肪	2.9克
碳水化合物	4.1克
胆固醇	151毫克
钙	135毫克
铁	0.3毫克
磷	73毫克
钾	157毫克
钠	36.5毫克
铜	0.02毫克
镁	11毫克
锌	3.36毫克
硒	1.94微克
叶酸	5微克
泛酸	0.55毫克
烟酸	0.2毫克

鲈鱼

预防早产的安胎美食

鲈鱼含有丰富的、容易消化的蛋白质，肉质细腻，没有腥味，滋补强身。秋末冬初的鲈鱼肥腴可人，肉白如雪，营养也最丰富，是食用的最佳时节。

助孕功效

增加营养，促进胎儿大脑发育

鲈鱼含有丰富的钙、磷、钾、碘、铜等微量元素，孕妈妈多吃鲈鱼，可以补充这些营养，保证胎儿健康发育。鲈鱼肌肉脂肪中还富含DHA、EPA，是胎儿大脑发育不可缺少的高度不饱和脂肪酸，对视觉细胞的发育也有益。所以孕妈妈常吃鲈鱼，对胎儿的大脑和视力发育都有好处。

增强消化功能

鲈鱼富含烟酸，能保证消化系统的健康，减轻胃肠障碍，还能促进血液循环，降低胆固醇，适宜孕妈妈食用，特别是孕吐比较严重的孕妈妈。

预防早产，催乳下奶

鲈鱼含有一种特殊的游离脂肪酸，能防治胎动不安及产后少乳等症。孕妈妈或产妇经常食用，既能够健身补血，安胎补气，又不必担心长胖。

最佳食用方法

鲈鱼最适合清蒸、红烧或炖汤，用鸡汤烹煮味道更鲜美。

能让鲈鱼味道更加鲜美的方法：将鱼去鳞剖腹洗净后，放入盆中加一些黄酒浸泡去腥；鲜鱼剖开洗净，在牛奶中泡一会儿既可除腥，又能增加鲜味。

橙色警示

鲈鱼不要用油炸，否则油炸时的高温会破坏宝贵的DHA，还会影响鲈鱼鲜美的滋味。

营养成分

（每100克可食部分含量）

蛋白质	18.6克
脂肪	3.4克
碳水化合物	0.4克
胆固醇	86毫克
钙	56毫克
铁	1.2毫克
磷	131毫克
钾	205毫克
钠	144.1毫克
铜	0.05毫克
镁	37毫克
锌	2.83毫克
硒	33.1微克
烟酸	3.1毫克

虾

通乳清毒的妙品

虾分为淡水虾和海水虾，肉质肥嫩鲜美，而且蛋白质含量达到20%。钙、铁、硒的含量也非常丰富，是孕期补充营养的妙品。

助孕功效

补充蛋白质及微量元素，促进胎儿的健康发育

蛋白质是生命的物质基础，虾肉含有非常丰富的蛋白质，而且还含有钙、铁、锌等矿物质，能够帮助孕妈妈补充营养，保证胎儿健康发育。

安胎通乳

虾肉富含维生素E，能促进性激素分泌，防止流产，还能促进乳腺分泌催乳素，从而使产妇乳汁充足，自古以来就是通乳佳品。此外孕妈妈对碘的需求量很大，如果缺碘会出现流产、早产和先天性畸形，而虾肉中含大量碘元素。所以，孕妈妈常吃虾肉，有利于安胎。

促进胎儿大脑发育

虾肉含有丰富的锌，而锌可以促进胎儿脑组织发育。海虾中含 ω-3不饱和脂肪酸，对胎儿的大脑发育尤其有益。

最佳食用方法

每次食用30~50克为宜。鲜虾最适宜煮、蒸、烧、煎、炸等烹调方法。盐水白灼比较能够保持虾的营养及原始风味。烹调鲜虾之前，先用泡桂皮的沸水把虾冲烫一下，味道会更加鲜美。煮虾的时候加少许醋，可以让煮熟的虾壳颜色鲜红亮丽，壳和肉也更加容易分离，吃起来比较方便。

橙色警示

患有皮肤湿疹、癣症、皮炎、疮毒等皮肤瘙痒症者以及阴虚火旺者最好不要食用。

营养成分

（每100克可食部分含量）

蛋白质	18.6克
脂肪	0.8克
碳水化合物	2.8克
胆固醇	193毫克
钙	62毫克
铁	1.5毫克
磷	228毫克
钾	215毫克
钠	165.2毫克
铜	0.44毫克
镁	46毫克
锌	2.38毫克
硒	33.72微克

香蕉

润肠轻身的"快乐水果"

香蕉的营养价值高，热量低，有"快乐水果"和"智慧果"的美誉。

助孕功效

润肠减肥

香蕉中含有丰富的膳食纤维，有清热解毒，生津润肠的功效，可以帮助孕妈妈防治便秘。尽管香蕉很甜，但热量却不高，所以不必担心会引起体重过快增长的问题。

补充叶酸，促进胎儿正常发育

香蕉含有丰富的叶酸，孕妈妈常吃有利于胎儿正常生长，降低出现畸形的概率。

减轻压力，放松心情

香蕉中含有一种可以帮助大脑产生5-羟色胺的氨基酸，5-羟色胺是一种"开心激素"，能帮助孕妈妈保持心情愉悦。睡觉前吃香蕉，还有镇静安神的作用。

香蕉是钾的极好来源

香蕉含有丰富的钾。每天吃一根香蕉，可以补充身体需要的钾，帮助孕妈妈消除水肿的同时，还可以稳定孕期血压，并保护孕妈妈的肠道。

最佳食用方法

香蕉可以鲜食，也可以做成香蕉泥、香蕉色拉或煮成香蕉粥及其他多种美味的菜肴食用。香蕉虽好，但不宜过量食用，孕妈妈每天以吃1～2根为宜。

橙色警示

不要空腹吃香蕉，一般在饭后或不太饿时吃比较安全。胃酸过多的人不宜吃香蕉，胃痛、消化不良、腹泻、脾胃虚寒的人也应少吃。香蕉含钾量较多，所以肾功能不佳的人不宜吃香蕉。

营养成分

（每100克可食部分含量）

膳食纤维	1.1克
钙	7毫克
铁	0.4毫克
磷	31毫克
钾	256毫克
钠	0.8毫克
铜	0.14毫克
镁	43毫克
锌	0.17毫克
硒	0.87微克
维生素B₁	0.02毫克
维生素B₂	0.04毫克
维生素B₆	0.38毫克
维生素C	8毫克

红枣

养血安神的"天然维生素丸"

红枣的营养价值十分丰富，是补血的良药，有"天然维生素丸"的美称，可谓孕妈妈的滋养佳品。

助孕功效

促进胎儿大脑发育

红枣含有丰富的叶酸和微量元素锌。叶酸参与血细胞的生成，促进胎儿神经系统的发育。

养血安神

红枣中含有丰富的钙和铁，能够帮助孕妈妈有效预防骨质疏松和缺铁性贫血。

提高孕妈妈的免疫力

红枣含有丰富的维生素和矿物质，对孕妈妈和胎儿的健康都大有益处。尤其是维生素C，它可以增强母体的抵抗力，这对孕妈妈和胎儿来说都非常重要。

缓解孕妈妈的紧张焦虑情绪

孕妈妈偶尔会出现躁郁、心神不宁等情绪，可以在平日的汤或粥中加点红枣同食，能起到养血安神、舒肝解郁的作用。

最佳食用方法

红枣每天食用5颗即可。枣皮中含有丰富的营养，煮汤或粥的时候应连皮一起。红枣容易发酵、变质，尤其是生红枣。用30～40克盐，炒后研成粉末，将500克红枣分层撒盐放入缸中封好，红枣就不会坏，也不用担心变咸。枣多就按照上述比例增加盐的用量。

橙色警示

红枣纤维较多，胃肠道容易发生胀气者不易过多食用红枣。

营养成分

（每100克可食部分含量）

膳食纤维	2.4克
钙	16毫克
铁	0.7毫克
磷	51毫克
钾	127毫克
钠	7毫克
镁	25毫克
锌	1.82毫克
硒	1.02微克
维生素B$_1$	0.06毫克
维生素B$_2$	0.05毫克
维生素B$_6$	0.14毫克
维生素C	297毫克
维生素E	16微克
泛酸	1.6毫克
烟酸	0.86毫克

火龙果

防治便秘的长寿果

火龙果是一种无污染的健康水果，几乎不使用任何农药就可以正常生长。孕妈妈在怀孕期间容易出现便秘，常吃火龙果就可以有效预防和缓解症状。

助孕功效

排毒护胃

火龙果中含有植物性蛋白，可以帮助孕妈妈排出体内的重金属离子，在汽车尾气重金属污染较严重的现代化大都市，孕妈妈吃火龙果还可以中和体内重金属毒素，除此之外，火龙果中的植物性蛋白还对人体胃壁有保护作用。

防衰老，美白肌肤

火龙果中的花青素含量较高，具有抗氧化、防衰老的作用，还含有丰富的维生素C，可以美白肌肤。所以孕妈妈常吃火龙果，不仅能吃出健康，还能吃出美丽。

防止体重增加过快

火龙果的果肉中含有丰富的膳食纤维，可以有效调节胃肠功能，防止便秘的发生。黑色的子粒中含有各种酶和不饱和脂肪酸及抗氧化物质，有润肠减肥的功效。

最佳食用方法

孕妈妈1～2周可以吃一个火龙果，要选择熟透并且新鲜的，最好现买现吃，表面红色的地方越红越好，绿色的部分越绿越新鲜。如果绿色的部分变得枯黄，就表示已经不新鲜了。吃的时候用刀切掉头和尾，再在果皮上浅浅地竖切一刀，用手沿刀口把果皮剥去即可。

橙色警示

体质虚冷的孕妈妈也不宜吃太多火龙果。

营养成分

（每100克可食部分含量）

膳食纤维	1.9克
钙	6.0毫克
铁	0.3毫克
磷	29毫克
钾	350毫克
钠	76毫克
镁	41毫克
锌	2.28毫克
维生素B$_1$	0.08毫克
维生素B$_2$	0.06毫克
维生素B$_6$	0.05毫克
维生素C	7毫克
维生素E	0.4微克
胡萝卜素	10微克
叶酸	44微克
泛酸	0.53毫克
烟酸	0.4毫克

苹果

孕吐及分娩期的好助手

苹果的营养含量十分丰富，孕妈妈多吃苹果，不仅有利于分娩，还有利于胎儿的身体健康及智力发育。

助孕功效

为孕妈妈补充锌和碘

苹果的锌含量丰富，如果孕妈妈怀孕期间体内锌元素充足，不但会促进分娩进程，而且会降低分娩的痛苦。苹果中还含有丰富的碘，孕妈妈吃苹果，可补充锌和碘，有利于胎儿智力发育。

缓解孕吐

苹果甜酸爽口，可增进食欲，促进消化。有孕吐现象的孕早期妈妈进食苹果，不仅能补充维生素C等营养素，而且可以调节水、盐及电解质平衡，防止孕吐频繁发生。

稳定妊娠期的血压和血糖

苹果富含钾元素，可以促进体内钠盐的排出，对孕期水肿及高血压有较好的防治功效。所含的胶质和微量元素铬能保持血糖的稳定，还能有效降低胆固醇。

润肠通便

苹果中含有膳食纤维和有机酸，能够促进肠胃蠕动，有效防治孕期便秘。

最佳食用方法

孕妈妈每天吃1~2个苹果就够了。苹果可以生吃，也可以榨汁饮用，还可以进行烹煮。

橙色警示

苹果有酸有甜，糖尿病患者适宜吃酸苹果，不宜吃甜苹果。

营养成分

（每100克可食部分含量）

膳食纤维	1.2克
钙	11毫克
铁	0.6毫克
磷	12毫克
钾	119毫克
钠	1.6毫克
镁	4毫克
锌	0.19毫克
硒	0.12微克
维生素B$_1$	0.01毫克
维生素B$_2$	0.01毫克
维生素B$_6$	0.05毫克
维生素C	4毫克
维生素E	2.12毫克
胡萝卜素	20微克
叶酸	6.3微克

花生

让宝宝变得更加聪明的"长生果"

花生具有很高的营养价值，可以与鸡蛋、牛奶、肉类等动物性食物相媲美，滋养补益，延年益寿，有"长生果"的美称。

助孕功效

促进脑细胞发育，增强记忆力

花生含丰富的蛋白质、脂肪、氨基酸和矿物质，还含有有硫胺素、核黄素、尼克酸等维生素，这些营养素对胎儿大脑及神经系统的发育都至关重要。

止血补血

花生的红色仁皮含有抗纤维蛋白溶解酶，可防治各种外伤出血、肝病出血、血友病等，对孕妈妈的造血功能有益。

预防流产或早产

花生富含维生素E，能促进胎儿发育，预防流产或早产，还可以软化血管，从而预防孕期心脑血管疾病。

补虚通乳

花生具有补虚生乳的功效，适用于产后少乳、体虚等症状，是产后的补养佳品。

最佳食用方法

每天吃25～30克为宜。花生炖食效果最佳。除此之外还可采用煮、卤、炸等方法烹调食用。

橙色警示

高温炒熟或油炸会破坏花生原本的维生素，而且会使花生甘平的性质变为燥热，不宜多吃，否则会出现热气的症状。肠炎、痢疾、消化不良等脾弱者不宜食用花生，否则会使腹泻症状加重。

营养成分

（每100克可食部分含量）

蛋白质	12.1克
脂肪	25.4克
碳水化合物	5.2克
膳食纤维	7.7毫克
钙	8毫克
铁	3.4毫克
磷	250毫克
钾	1004毫克
钠	3.7毫克
铜	0.68毫克
镁	110毫克
锌	1.79毫克
硒	4.5微克
维生素B$_1$	0.85毫克
胡萝卜素	10微克
叶酸	76微克
泛酸	17毫克
烟酸	14.1毫克

孕期必补重点营养素

孕妈妈营养摄入的一个重要原则就是每种营养素的供给既不能缺少，也不能过多，而且各种营养素之间的搭配比例要适宜，保持一定的平衡。现在就来了解一下自己和胎儿对这些营养素的需求情况吧。

蛋白质

维持人体正常的生命活动

认识蛋白质

蛋白质是机体细胞的重要组成部分，是人体组织更新和修补的主要原料。人体蛋白质含量约占总重量的1/5，仅次于水的含量。孕妈妈子宫、胎盘、乳腺组织变化，血液量的增加及每日活动的能量消耗，都需要大量蛋白质来维持。而且蛋白质是胎儿大脑细胞分裂的源动力，也是构成胎儿内脏、肌肉、皮肤、血液等组织的"主角"。

缺乏警示

孕妈妈蛋白质摄取不足时，会出现子宫、胎盘、乳腺组织变化缓慢，容易出现疲劳，抵抗力下降等状况，尤其是孕后期，会因血浆蛋白降低而出现浮肿。并且会导致宝宝生长缓慢，出生后体重过轻，甚至智力低下等。

蛋白质的来源

1.谷类中蛋白质含量不算高，约为10%。但由于是主食，所以仍是孕妈妈蛋白质的重要来源。

2.豆类中蛋白质含量丰富，尤其是大豆的营养价值最高，氨基酸组成也比较合理，利用率最高，是孕妈妈非常好的蛋白质来源。

3.蛋类是优质蛋白的重要来源。

4.奶类（牛奶）也是蛋白质的最佳来源之一。

5.肉类包括牛肉、鸡肉、鱼肉、虾类等，所含的蛋白质营养价值优于植物蛋白。

推荐摄入量

孕早期蛋白质摄入的推荐量为每日70～75克，比孕前多15克；孕中期每日80～85克，孕晚期是胎儿大脑发育高峰期，蛋白质的摄入量要增加到每日85～100克。

一般情况下，每天保证吃1～2个鸡蛋、250～300毫升牛奶、100～300克肉类，每周吃1～2次鱼、虾或贝类等海产品，平时再吃些花生、核桃等坚果类零食，就能满足孕妈妈对蛋白质的需求。

核桃

脂肪

促进胎儿大脑及视觉发育

认识脂肪

脂肪是促进人体生长发育和维持身体机能的重要物质。怀孕过程中孕妈妈必须摄入足够的脂肪，才有力气维持自身的新陈代谢及日常活动，并为胎儿的生长、分娩及产褥期的身体消耗做必要的能量储备。

脂肪主要由甘油和脂肪酸组成，脂肪酸还可分为单不饱和脂肪酸和多不饱和脂肪酸。胎儿大脑和身体其他部位的生长发育都需要脂肪酸。尤其是胎儿的大脑，50%～60%由各种必需的脂肪酸构成，在怀孕6个月以后，宝宝的大脑迅速增重，要达到以前的4～5倍，因此补充足量的脂肪酸就显得尤为重要。

缺乏警示

孕妈妈如果缺乏脂肪，会影响胎儿大脑和神经系统的发育和成熟，阻碍宝宝智力的发展水平及视觉发育，同时心血管的发育也会出现问题。也会影响孕妈妈对各种维生素的吸收，造成维生素缺乏症，导致免疫功能下降。

脂肪的来源

动物性食物以畜肉类含脂肪最丰富，但多为饱和脂肪酸。尤其是肥肉和骨髓，含量高达90%。蛋黄也富含动物性脂肪。海鱼和海虾中含有较高的多不饱和脂肪酸，对胎儿的大脑发育尤为有益，孕妈妈也可以有意识地补充一些。含植物性脂肪较多的有花生油、豆油、菜籽油、坚果类食物等。植物油里的不饱和脂肪酸比动物油中的多。摄入脂肪时最好是动、植物搭配摄入。烹调用油最好使用植物油。

推荐摄入量

孕中后期由脂肪提供的能量占总膳食供给能量比为20%～25%。以一个体重为60千克的孕中期妈妈来说，每日的摄入量约60克为宜（包括烧菜用的植物油25克和其他食物中所含的脂肪）。

植物油中含有人体所必需的脂肪酸，如亚油酸、亚麻酸和花生四烯酸等，孕妈妈多食用植物油，可以预防胎儿出生后患湿疹。

碳水化合物

妈妈宝宝的能量之源

认识碳水化合物

碳水化合物即糖类物质，是人体能量的主要来源。它能为身体提供热能，维持机体正常生理活动、生长发育和体力活动，尤其是能维持心脏和神经系统的正常活动，同时它也是构成细胞和组织的重要成分，参与某些营养素的正常代谢过程。

缺乏警示

孕妈妈缺乏碳水化合物就会出现全身无力、血糖降低、头晕、心悸、脑功能障碍等。严重者会导致低血糖昏迷。孕妈妈的血糖含量降低，还会影响胎儿的正常代谢，妨碍其生长发育。

碳水化合物的来源

碳水化合物的质量由其释放葡萄糖的速度来决定，缓慢释放型的碳水化合物，能够保持血糖平衡，为身体提供长久的能量支持。这类碳水化合物主要来源于玉米、大麦、水稻、小麦、燕麦、高粱等谷类食物，还有西瓜、香蕉、甜瓜、葡萄、甘蔗等新鲜水果，红薯、土豆、芋头、山药等薯类，以及新鲜蔬菜，也含有一定量碳水化合物。

推荐摄入量

孕期的碳水化合物需求量应占总热量的50%～60%左右，以60千克的孕妇为例来说，每日需碳水化合物约300克。孕早期的妈妈妊娠反应比较严重时，每日至少也应摄入150～200克碳水化合物。到孕中晚期，如果体重每周增长350克，说明碳水化合物摄入量合理，如果体重增长过快，说明应减少摄入量，并以蛋白质来代替。

小米玉米粥

材料 小米75克，玉米碎75克。

做法

1. 将小米洗净，加入玉米碎拌匀，一同放入锅中，加1000毫升清水，浸泡30分钟备用。
2. 将米锅移到火上，大火煮沸后，改小火煮1个小时左右，待到米碎软烂黏稠时即可出锅享用了。

膳食纤维
清理肠胃的高手

认识膳食纤维

膳食纤维是一种不能被人体消化的碳水化合物，按照其溶解度可以分为可溶性纤维和不溶性纤维两种。

膳食纤维能够刺激消化液分泌，加速肠道蠕动，帮助肠道内的代谢物排出，缩短食物在肠道内通过的时间。膳食纤维在体内可以吸水膨胀，使粪便变得松软，容易排出，减轻和预防孕期便秘；还能降低胆固醇水平，减少胆石症的发生；此外，还可以防治糖尿病。

缺乏警示

膳食纤维摄入量不足，会使孕妈妈发生消化不良、便秘、内分泌失调，还容易引起孕妈妈超重，进而出现高血脂、高血压、心脏病等疾病。

膳食纤维的来源

可溶性膳食纤维主要在豆类、水果、紫菜、海带中含量较高。不溶性膳食纤维存在于谷类、豆类的外皮和植物的茎、叶和虾壳等。

不同的纤维有不同的功能，需要搭配摄入才合理。

肠胃不好的孕妈妈如果难以消化谷类和薯类的膳食纤维，可以用绿叶蔬菜和新鲜水果来代替。

吃完膳食纤维食物后最好喝杯白开水，可以促进食物中可溶性膳食纤维的溶解和膨胀，这样能更好地发挥其作用。

推荐摄入量

孕妈妈对膳食纤维的需求量为每日20～30克。建议孕妈妈每天至少吃500克蔬菜及250克水果。

芹菜炒土豆片

材料 芹菜250克，土豆100克。

调料 葱花、花椒粉、盐各适量，植物油4克。

做法

1. 芹菜择洗干净，切段，入沸水中焯透；土豆去皮，洗净，切片。

2. 炒锅置火上，倒入植物油，待油温烧至七成热，加葱花、花椒粉炒出香味。

3. 倒入土豆片翻炒均匀，加适量清水烧熟，放入芹菜段翻炒均匀，用盐调味即可。

叶酸
胎儿的守护神

认识叶酸

叶酸是一种水溶性维生素，是人体细胞生长和造血过程中所必需的营养物质。由于最初是从菠菜叶中提取到的，所以称为叶酸。食物中的叶酸进入人体后转变为四氢叶酸，在体内发挥重要的生理作用。它的最重要功能就是制造红血球和白血球，增强免疫力。叶酸是孕期最关键的营养，与胎儿神经发育关系密切。

缺乏警示

孕妈妈缺乏叶酸将使妊娠高压综合征、胎盘早剥发生率增高，还可引起孕妈妈大细胞性贫血、胎盘发育不良、自发性流产。缺乏叶酸除了可以导致胎儿神经管畸形（脊柱裂、无脑胎）外，还可导致胎儿宫内发育迟缓、早产、低体重出生，智力水平也将受到影响，并且比一般宝宝更容易患大细胞性贫血。

叶酸的来源

叶酸广泛存在于各种动植物食物中，绿叶蔬菜、番茄、胡萝卜、蘑菇、豆类、水果、坚果类食物中都富含叶酸。但是叶酸烹调后损失率较高，孕妈妈并不容易得到足够的叶酸，因此要尽量食用新鲜蔬果。

推荐摄入量

孕妈妈最好在怀孕前3个月开始补叶酸，每日平均摄入0.6毫克为宜，一直补充到孕后3个月。整个孕期也需要注意在饮食中摄入富含叶酸的食物。

草莓柚奶汁

材料 去皮柚子、酸奶各100克，草莓50克。

做法
1. 去皮柚子切成小块；草莓去蒂，洗净。
2. 将柚子块和草莓放入榨汁机中，加入酸奶，搅打成汁，倒入杯中即可。

维生素A
撑开眼睛和皮肤的保护伞

认识维生素A

维生素A又被称为眼睛的维生素，与感受光线明暗强度的视紫红素的形成有着密切关系。它还对肌肤、头发、鼻子、嘴、骨骼、牙齿有保护作用。维生素A还能促进孕妈妈产后乳汁分泌，同时还有助于甲状腺功能的调节。

缺乏警示

孕妈妈缺乏维生素A表现为暗适应能力下降，皮肤黏膜干燥，抵抗力下降，味觉、嗅觉减弱，食欲降低，皮肤出现粗糙、干燥等变化。

胎儿会出现发育不全，生长迟缓的现象，甚至发生流产。

维生素A的来源

人类从食物中获取的维生素A主要有两类，一类是维生素A原，即胡萝卜素，主要存在于深绿色或红黄色蔬菜和水果等植物性食物中，例如菠菜、胡萝卜、番茄、青椒、玉米、南瓜、杏、柿子等；另一类是来自动物性食物的维生素A，多数存在于动物肝脏、鱼肝油、鱼子、奶油和禽蛋中。

推荐摄入量

孕早期维生素A的日摄入量以800微克为宜。孕中期和孕晚期为900微克，80克鳗鱼、25克鸡肝、125克胡萝卜、125克皱叶甘蓝或200克金枪鱼中的任何一种，就能满足孕妈妈的每日所需。千万不要过量摄入，否则会引起维生素A过量而中毒，对胎儿也有致畸作用。

菠菜拌胡萝卜

材料　菠菜150克，胡萝卜100克。
调料　葱花、盐、鸡精、香油各适量。
做法
1. 菠菜择洗干净，入沸水中焯30秒，捞出，凉凉，沥干水分，切段；胡萝卜洗净，切丝。
2. 取盘，放入菠菜段和胡萝卜丝，用葱花、盐、鸡精和香油调味即可。

维生素B₆

减轻孕期恶心和呕吐

认识维生素B₆

维生素B₆是所有B族维生素中最重要的一种，它在蛋白质、脂质和碳水化合物代谢中发挥着关键作用，也是制造抗体和红血素的必要物质，参与免疫反应并维持免疫系统的正常功能。维生素B₆能调节中枢神经系统，有助于孕妈妈稳定孕期情绪，对怀孕期间的呕吐和恶心也有特殊的治疗效果。胎儿的神经系统发育也少不了维生素B₆的参与。

缺乏警示

维生素B₆摄入量不足，会使孕妈妈发生消化不良、便秘、内分泌失调，还容易引起孕妈妈超重，进而出现高血脂、高血压、心脏病等疾病。

维生素B₆的来源

含维生素B₆较高的动物性食品有白色肉类，如鱼肉、鸡肉，其次为牛肝、鸡肝、牛肉、猪肉、鱼、蟹、鸡蛋、牛奶等。

含维生素B₆较高的植物性食品有葵花子、花生、核桃、黄豆、扁豆、白菜、胡萝卜、菠菜、土豆、全麦粉、甜薯、香蕉、葡萄干、橘子等。

推荐摄入量

孕期每日的推荐摄入量为2.8毫克。

芝麻核桃露

材料 核桃粉、芝麻粉、山药粉、新鲜核桃仁各适量。

调料 冰糖适量。

做法

1. 将核桃粉、芝麻粉、山药粉按照适量的比例放入碗内，加温开水搅拌均匀。
2. 锅置火上，将调制好的粉汁倒入锅中，炖煮5分钟，加入冰糖煮至溶化，最后搭配新鲜的核桃仁即可

维生素C
提高免疫力的营养药

认识维生素C

维生素C又称抗坏血酸，是人体必需营养素。它的主要功效是抗氧化，增强身体抵抗力，可防治普通感冒；还能促进伤口愈合，加速产后恢复；降低血液中的胆固醇，减少脑血栓的发生几率；此外，维生素C有助于铁的吸收，对孕妈妈预防缺铁性贫血有益。对胎儿来说，维生素C不但能促进胎儿正常发育，提高胎儿的智力，还能让宝宝拥有细腻白嫩的肌肤呢。

缺乏警示

孕妈妈长期缺乏维生素C会导致坏血病、牙龈出血、牙齿松动、毛囊角化、骨质疏松等症状。还会影响胎儿的骨骼及牙齿发育，甚至引起胎膜早破、早产。

维生素C的来源

维生素C的主要来源是新鲜蔬菜和水果。水果中的酸枣、柑橘、草莓、猕猴桃等含量最高；蔬菜中以柿子椒、菠菜、韭菜、豆芽及红、黄色辣椒的含量较多。

孕妈妈除了要多吃富含维生素的新鲜果蔬外，还要注意合理烹调，快炒和少加水，可以减少维生素C的流失。只要正常进食这些食物，一般不会出现维生素C缺乏。

推荐摄入量

孕早期每日推荐摄入量为100毫克，孕中期和孕晚期均为130毫克。每天半个番石榴、90克花茎甘蓝、2个猕猴桃、150克草莓、1个柚子、150克菜花或250毫升鲜榨橙汁中的任何一种都能够满足孕妈妈一天的维生素C需求量。

什锦番茄

材料 番茄1个，黄瓜、胡萝卜、鸡蛋各30克。

调料 沙拉酱适量。

做法

1. 番茄洗净，去蒂，挖去部分番茄肉，做成番茄杯；黄瓜洗净，切丁；胡萝卜去皮洗净，切丁，入沸水中焯熟，捞出，晾凉，沥干水分；鸡蛋洗净，煮熟，取出，晾凉，剥皮切丁。

2. 将黄瓜丁、胡萝卜丁和鸡蛋丁放入碗中，加入沙拉酱拌匀，盛入番茄杯中即可。

维生素D
预防佝偻病的阳光维生素

认识维生素D

维生素D是类固醇的衍生物，具有抗佝偻病的功效，能与钙和磷共同作用，健全全身的骨骼和牙齿，有效预防骨质疏松的发生，还能帮助人体吸收维生素A，维持血液中柠檬酸盐的正常水平，防止氨基酸通过生长损失。

缺乏警示

孕期缺乏维生素D会导致肠道对钙和磷的吸收量减少，造成骨骼脱钙，发生骨质疏松及自发性、多发性骨折，还会影响神经、肌肉、造血、免疫等组织器官的功能。

胎儿缺乏维生素D会影响牙齿萌出，严重的还会导致出生后患上先天性佝偻病。

维生素D的来源

适当地晒太阳，并从食物中摄取，就可以获得充足的维生素D。

含维生素D较多的食物有海鱼、动物肝脏、蛋黄和瘦肉；另外，脱脂牛奶、鱼肝油、乳酪、坚果、干蘑、胡萝卜、芒果、菠菜、番茄、白萝卜干中也含有一定量的维生素D。

推荐摄入量

孕期推荐摄入量为每日10微克。如果每周能晒2次太阳，每次10～15分钟，再选择以下食物中的任何一份，就不必担心会缺乏维生素D了：50克鳗鱼、60克鲑鱼片、35克鲱鱼片或2个鸡蛋加150克蘑菇。

虾仁蒸饺

材料 小麦淀粉200克，面粉150克，虾仁100克，肥肉丁、笋丝各50克。

调料 白糖、香油、盐各适量。

做法

1. 小麦淀粉和面粉倒入容器中，加沸水搅匀，加盖焖15分钟，放入白糖和香油揉匀，制成水晶面团。

2. 虾仁洗净，一半剁泥，一半切丁；肥肉丁洗净，入沸水中烫至将熟，晾凉后与笋丝和虾泥搅拌均匀成饺子馅料，加盐、白糖、香油和虾仁丁搅匀成饺子馅料，置冰箱冷藏15分钟。

3. 水晶面团搓条，揪成大小均匀的面剂子，按压成圆饼，包入饺子馅，捏成弯梳形蒸饺生坯，送入烧沸的蒸锅，大火蒸熟即可。

维生素C
提高免疫力的营养药

认识维生素E

维生素E还有一个名称——生育酚，它能维持生殖器官正常功能，促进卵泡的成熟。增加孕酮的作用，对于治疗不孕症及先兆流产都有很大的作用。它还是重要的血管扩张剂和抗凝血剂，可以改善血液循环，修复组织，促进正常的凝血，并防止贫血。

近年来，维生素E被广泛地用于抗衰老方面，它有助于延缓某些促进细胞代谢的蛋白质的衰败过程，从而使脑组织和免疫系统保持年轻活力，并让人焕发青春的容姿。

维生素E对眼睛也有着很好的保护作用，还可全面提高人体免疫力，是应用颇为广泛的一种维生素。

缺乏警示

孕妈妈缺乏维生素E会出现毛发脱落、皮肤老化粗糙、精神不佳等症状，生殖系统也会受到损害，还可能导致孕妈妈和胎儿贫血，也是造成流产及早产的重要原因之一，也可能使宝宝出生后发生黄疸。

维生素E的来源

维生素E的来源主要有植物油（如麦胚油、葵花子油、玉米油、香油）、种子类、坚果类（包括花生、杏仁、榛子和核桃）、豆类、蛋类、牛奶及其制品、牛肝、猪肉排骨、新鲜豌豆、番茄、苹果等。

推荐摄入量

孕期推荐摄入量为每日14毫克，孕妈妈用富含维生素E的植物油炒菜食用，即可获得足够的摄入量。

鲜蘑炒豌豆

材料 鲜蘑菇300克，豌豆粒50克。
调料 葱花、花椒粉、盐、水淀粉、植物油各适量。

做法

1. 鲜蘑菇洗净，切丁；豌豆粒洗净。
2. 炒锅放火上，倒入适量植物油，待油温烧至七成热，放入葱花和花椒粉炒香。
3. 倒入蘑菇丁和豌豆粒翻炒均匀，盖上锅盖焖5分钟，用盐调味，水淀粉勾芡即可。

钙
促进胎儿骨骼和牙齿发育的生命元素

认识钙

钙是人体内含量最多的矿物质元素。99%存在于人体骨骼和牙齿中，促进其生长发育，维持其形态与硬度；1%的钙存在于血液和软组织细胞中，发挥调节生理功能的作用。

钙离子是血液凝固的必要因子，也是人体内酶反应的激活成分，还有助于神经、肌肉的兴奋和神经冲动的传导，并且对人体内分泌腺激素的分泌起着决定性作用。

缺乏警示

缺钙的孕妈妈会出现肌肉痉挛、腰腿疼痛，严重的会造成骨质软化、骨盆畸形等。孕期缺钙还容易发生妊娠高血压。

胎儿缺钙会影响骨骼和牙齿的钙化。人的牙齿虽然在出生后才生长，但实际上从胚胎期牙齿就已经开始发育，乳牙的钙化最早发生于胚胎的第13周。

孕妈妈缺钙就会影响胎儿牙齿基质的形成和钙化过程，还会导致胎儿生长迟缓、骨骼病变、佝偻病及新生儿脊髓炎等。

钙的来源

250毫升牛奶可以为孕妈妈补充大概250毫克的钙。每天饮用250~500毫升牛奶，是补钙的最佳方式。

另外，虾皮、蔬菜、鸡蛋、豆制品、紫菜、雪菜、海产品、动物骨头当中也富含钙质，孕妈妈可以搭配食用。

如果发生缺钙现象，可以根据医生的建议适当服用钙质。

推荐摄入量

孕妈妈对钙的需求量随着胎儿的成长而变化，孕早期每日800毫克，孕中期每日1000毫克，孕晚期每日1200毫克为宜。

海带豆腐汤

材料 南豆腐200克，水发海带100克。

调料 葱花、盐各适量，香油5克。

做法

1. 南豆腐洗净，切块；水发海带洗净，切菱形片。

2. 锅置火上，加适量清水烧沸，放入豆腐块、海带片、葱花煮8分钟，用盐和香油调味即可。

铁
生血的功臣

认识铁

铁是组成血红蛋白和肌红蛋白的原料，血红蛋白参与氧的运输和存储，所以铁是制造红细胞的主要材料，也是为机体组织细胞输送氧气的工具。对于孕妈妈来说，体内充足的铁储备可以预防和治疗因缺铁而引起的贫血，还能增加机体对疾病的抵抗力，促进B族维生素代谢，使皮肤拥有良好的血色，还能为胎儿的发育输送养分。

缺乏警示

孕期缺铁会引起缺铁性贫血，影响身体免疫能力，出现皮肤苍白、容易疲劳、头晕乏力、食欲不振等症状。孕妈妈铁摄入量不足，容易出现宫内缺氧，干扰胚胎的正常分化、发育和器官的形成，甚至会在出生后有智力障碍，甚至能导致早产。

铁的来源

食物中的铁分为两种，一种为血红素铁，存在于动物性食品中，另一种为非血红素铁，在植物性食品中存在。动物性食品中颜色越深，含铁量越高，猪肝、肾、血、红色瘦肉、蛋黄、鱼及海产品等都富含铁质。植物性食品中富含铁质的有海带、紫菜、发菜、黑木耳、豆类、黑芝麻、芦笋和桃等。

推荐摄入量

孕妈妈怀孕期间铁的需求量达到孕前的两倍，每日至少15～20毫克，孕晚期及哺乳期每天摄入量为20～30毫克。

菠菜猪肝汤

材料 猪肝80克、菠菜150克。
调料 香油、高汤、盐、料酒、酱油各适量。
做法
1. 猪肝切成长3厘米、宽1厘米、厚0.2厘米的小柳叶片；菠菜洗净，切段。
2. 猪肝先用沸水焯至刚泛白时，捞出，控干水分，放入油锅，用大火稍炒一下，捞出。
3. 锅置大火上，加高汤、酱油、盐、料酒煮沸，加入猪肝，再沸后，撒去浮沫，撒上菠菜段，淋上香油即可。

锌
宝宝的智力之源

认识锌

锌是合成蛋白质的主要物质，与细胞的生长、分裂和分化过程都有关系。锌还是体内酶系统的组成成分和激活剂，还参与碳水化合物和维生素A的代谢。它能指挥肌肉收缩，帮助形成胰岛素，是稳定血液状态，维持体内酸碱平衡的重要物质。锌还可以促进机体免疫功能及味觉发育，参与了整个胚胎乃至胎儿的生长发育过程。

缺乏警示

缺锌时孕妈妈自身的免疫力会下降，且会发生味觉减退、食欲降低等症状；还会影响胎儿的器官发育，干预胎儿神经系统发育，严重的可造成中枢神经系统畸形。

锌的来源

富含锌的食物有海产品（牡蛎、贝壳类）、红色肉类，如猪肉、牛肉、羊肉，动物内脏等。另外干果类、谷类食物中也含有丰富的锌。

推荐摄入量

建议每日摄入150毫克左右。

牡蛎萝卜丝汤

材料　白萝卜200克，牡蛎肉50克。
调料　葱丝、姜丝、盐、香油各适量。
做法
1. 白萝卜去根须，洗净，切丝；牡蛎肉洗净泥沙。
2. 锅置火上，加适量清水烧沸，倒入白萝卜丝煮至九成熟，放入牡蛎肉、葱丝、姜丝煮至白萝卜丝熟透，用盐调味，淋上香油即可。

孕期常见不适
食疗方

怀孕后难免会被孕吐、便秘、贫血、水肿等一些孕期常见症状所困扰，合理的膳食可以帮助孕妈妈对抗这些不适，让孕期过得更加舒适。

孕期呕吐

症状解析

通常在怀孕1～3个月之间，孕妈妈会出现恶心、呕吐、食欲不振的症状。这种症状会在早上起床或者闻到难闻的气味时加重。当孕早期结束时，也就是怀孕12周之后，孕期呕吐的症状通常会自行消失，食欲也会恢复正常。

对孕妈妈和胎儿的影响

孕期呕吐症状一般都比较轻微，持续的时间也不长，虽然会暂时影响营养的吸收，但是在胚胎形成的孕早期，对营养素的需求量还不是特别大，孕妈妈还能吃一些食物，所以呕吐对孕妈妈和胎儿的影响不会很大。

但需要提醒孕妈妈的是，如果孕吐反应特别严重，比如呈持续性呕吐，甚至连喝水都吐，闻到食物的味道就感到恶心，无法正常喝水和进食，那么就需要及时到医院就诊，补充液体和电解质，否则会消耗体内原有的营养素，导致身体快速消瘦，对胎儿也会造成不良影响。

经验之谈

1.坚持饮食，保证营养。一般早晨食欲较好，在自己能吃的时候尽量吃喝，喜欢吃什么就吃什么，能吃多少吃多少，不要怕吐，多吃才能保证吸收量，才不至于引起营养不良、贫血等症。

2.多吃清淡、易消化的食物，如稀饭、豆浆等，不容易引发恶心呕吐。还可以在起床和临睡前吃少量面包、馒头干、饼干或其他点心，能有效地防止呕吐。

3.在手帕上滴几滴柠檬汁，或其他不会让你感到恶心的果汁，可以在你闻到一些"难闻"味道时应急使用。

4.少食多餐，保持清淡。两餐之间最好再加一餐，隔两三个小时就吃点东西，尽量选择富含蛋白质和碳水化合物的食物，例如苏打饼干、全麦面包等，量不要太大，谨防便秘。

5.晚上可适当加餐。晚上临睡前吃一些吐司或者不太甜的点心，或者喝一杯温热的牛奶，这样第二天起床时才不会造成空腹以及呕吐加重的情况。

临睡前喝一杯温热的牛奶，不仅能缓解第二天的孕吐，还有助于睡眠。

有助于缓解孕期呕吐的食物

种类	食物名称	功效解析
谷类	面包、馒头片、麦片、绿豆粥、大米粥、八宝粥	清淡，富含复合碳水化合物，易消化，不容易引发恶心呕吐
奶类	牛奶、酸奶、奶片	营养丰富，容易消化吸收
肉类	水煮鱼、清蒸鲈鱼	清炖、清蒸、水煮、水煎、爆炒为主的烹调方法，味道清淡，不容易引起呕吐。不要采用红烧、油炸、油煎等味道厚重的烹调方法
蔬菜	凉拌菜、素炒菜、炝凉菜、醋熘菜	各种新鲜蔬菜富含维生素，有助于减轻恶心的感觉
水果	柠檬、苹果、梨、香蕉、草莓、橙子、杨梅	可以做成水果色拉，也可以榨汁，尤其是柠檬汁，能增加胃酸，促进胃肠道蠕动和增加食欲，有助于食物的消化吸收，对缓解孕吐非常有效
坚果	花生、核桃、松子等	营养价值高
其他	姜汁	姜是缓解孕吐最有效的食物，如果感到恶心，可以含两片姜，或者在喝水或牛奶时，冲入鲜姜汁，均可缓解恶心症状

生姜粥

材料 生姜25克，大米100克，枸杞子10克。

做法

1.将生姜洗净去皮，切末；大米淘洗干净；枸杞子洗净，待用。

2.锅置火上，倒入适量清水煮沸，放入大米、生姜煮沸，加入枸杞子小火熬煮30分钟即可。

西瓜柠檬汁

材料 西瓜瓤250克，柠檬汁适量。

调料 蜂蜜适量。

做法

1.西瓜瓤去籽，切小块，放入榨汁机中打成汁，倒入杯中。

2.杯中加入柠檬汁和适量蜂蜜调匀即可。

孕期便秘

症状解析

一般情况下，每2~3天或更长时间排一次便，无规律，粪质干硬，常伴有排便不畅的现象，即为便秘。有些孕妈妈只要1天不排便就会觉得很难受，这也是便秘。怀孕后体内孕激素增多，抑制肠蠕动，再加上子宫逐渐增大，压迫直肠，使粪便在肠内停留的时间延长，所以孕妇常发生便秘。有些孕妈妈在怀孕前便患有便秘，怀孕后便秘的症状会加重。

对孕妈妈和胎儿的影响

如果便秘逐渐加重，容易造成排便痛苦，还会在体内积累毒素，不利于机体代谢，影响身体健康。长时间便秘还容易患上痔疮，出现发痒、疼痛、出血等症状，给孕期生活带来很大困扰。

便秘也会使孕妈妈的食欲受到影响，造成营养素摄入不足，不利于胎儿的成长。另外孕晚期便秘还会愈加严重，这时如果用力排便，不仅血压会升高，甚至可能导致羊水早破，发生早产。有些患有便秘的孕妈妈分娩时，肠道中的粪便会妨碍胎儿的娩出，造成难产。

经验之谈

1.多喝水。便秘比较严重的孕妈妈应多喝水，每天1600~2000毫升，最好是喝温开水。另外，建议孕妈妈每天早上起床后空腹喝一杯水，以促进胃肠蠕动，刺激排便。

2.多吃蔬菜、水果和粗粮。一般蔬菜、水果和粗粮中都富含膳食纤维，可以促进胃肠蠕动，有助于排便。

3.多吃润肠的食物。很多食物都有润肠、促排便的功能，比如燕麦、蜂蜜、黑芝麻、核桃等，孕妈妈可以有针对性地选择这些食物。

4.养成按时排便的习惯，排便时不要看书、看手机。

5.避免久站、久坐，工作时每隔1~2小时要起来活动一下身体。每周至少要有2~3次健身运动。

有助于缓解孕期便秘的食物

食物类别	食物名称
蔬菜类	萝卜、莴笋、南瓜、菜花、西蓝花、芹菜、魔芋、大蒜等
水果类	菠萝、木瓜、苹果、香蕉、柿子、桃、草莓等
奶类	全脂或脱脂酸奶
谷类	小豆、豆腐、纳豆等
薯类	山药、土豆、红薯、芋头等
菌藻类	蘑菇、木耳、银耳、香菇、金针菇、海带、紫菜、裙带菜等

清炒芦笋

材料 芦笋400克。

调料 葱末、花椒、盐、植物油各
适量。

做法

1. 将芦笋洗净切段待用。

2. 炒锅置火上，倒油烧热，放入花椒
炸香，下入葱末煸炒片刻。

3. 最后放入芦笋翻炒至熟，加入
盐炒匀即可。

营养指南 芦笋富含丰富的膳食纤
维，孕妈妈经常食用能促进肠胃蠕
动，加速肠道内废物排出，有利于预
防孕期便秘。

洋葱炒土豆片

材料 土豆400克，洋葱200克，芹
菜50克。

调料 香菜、盐、植物油各适量。

做法

1. 洋葱剥皮，洗净，切碎末；香菜、
芹菜洗净，切碎末待用。

2. 土豆洗净，上火煮至稍熟，捞出晾
凉，去皮，切薄片待用。

3. 炒锅上火，倒油烧热，下入土豆片
炒至两面金黄，加入洋葱末、芹
菜末、香菜末，再调入盐，盛出
即可。

营养指南 洋葱、芹菜都富含膳食纤
维，孕妈妈在孕期经常食用有利于缓
解孕期便秘，加上土豆富含碳水化合
物，能为孕妈妈补充能量。

孕期贫血

症状解析

① 孕期血红蛋白低于每升120克可以诊断为贫血。贫血是孕期常见的病症之一，通常引起贫血的原因主要是缺乏叶酸或缺铁。到了孕晚期，孕妈妈的血容量大约增加1200毫升，血液被稀释，红细胞数和血色素相对性减少，而胎盘和胎儿的发育都需要增加血液量，以至铁的供给量要达到孕前的2倍；加上孕妈妈怀孕后胃酸减少也影响了饮食中铁的吸收，而孕后又未能通过饮食摄取足量的铁，这时孕妈妈就很容易发生缺铁性贫血。

② 贫血的孕妈妈会脸色发黄、指甲苍白脆弱，还会感到头晕、乏力、耳鸣、失眠、怕冷。随着贫血的加重，还会出现心悸、气促、注意力不集中及腹胀等症状，严重者可发生心力衰竭。

对孕妈妈和胎儿的影响

一般轻度贫血对孕妈妈和胎儿并不会产生很大的影响。但如果孕妈妈长期贫血，不及时发现和治疗，就会出现脑供血不足，血中含氧量不足就容易发生晕厥。同时，严重贫血可造成胎儿营养供应不足，轻者使胎儿发育缓慢，重者可导致早产、胎儿宫内窘迫等。

经验之谈

1.注意多吃富含铁质的食物。牛肉、猪肉、动物肝脏、蛋类、贝类、花生等食物都富含铁质，贫血的孕妈妈要多吃一些。

2.多吃富含维生素C的蔬菜、水果。维生素C可以促进人体对铁质的吸收。注意补充叶酸。从孕前3个月开始服用叶酸增补剂，直到怀孕后3个月为止。

3.饮食上注意进食富含叶酸的食物，如肝脏、绿叶蔬菜及鱼、蛋、谷类、豆制品、坚果等。并且在做菜时注意不要温度过高，也不宜烹调时间太久。

4.不宜与含钙高的食物同时服用，比如牛奶。最好选择在两餐饭之间喝牛奶。

5.如果孕妈妈已经患有比较严重的贫血，就需要在医生的指导下根据贫血的程度补充铁剂。

有助于缓解孕期贫血的食物

食物类别	食物名称
动物肝脏	猪肝、牛肝、羊肝、鸡肝等
动物血液	猪血、鸭血、鸡血等
蔬菜	胡萝卜、菠菜、萝卜干
水果	柠檬、橘子、樱桃、荔枝、红枣、草莓、龙眼肉等
其他	木耳、黑豆、肉类、鱼类、禽蛋

猪血炖豆腐

材料　猪血、北豆腐各150克。

调料　葱花、花椒粉、姜末、盐、鸡精、植物油各适量。

做法

1. 猪血和北豆腐洗净，切块。

2. 炒锅置火上，倒入适量植物油，待油温烧至七成热，加葱花、姜末和花椒粉炒香。

3. 放入猪血块和豆腐块翻炒均匀，加适量清水炖熟，用盐和鸡精调味即可。

营养指南　猪血中的铁质几乎都是极易被人体吸收的血红素铁，能够帮助孕妈妈迅速补铁，预防和缓解孕期贫血。

蘑菇木耳炒鸡蛋

材料　蘑菇200克，鲜木耳300克，鸡蛋4个。

调料　葱末、盐、植物油各适量。

做法

1. 蘑菇洗净，切丝；木耳洗净，撕小片；鸡蛋打散，加盐调匀待用。

2. 炒锅上火，倒油烧热，下入葱末煸香，加入蘑菇、木耳及盐炒匀，最后加入鸡蛋液炒熟即可。

营养指南　鸡蛋有滋阴养血的功效；木耳中铁的含量极为丰富，两者搭配食用可缓解孕期贫血。

妊娠水肿

症状解析

在整个孕期，体液会增加6~8升，其中4~6升为细胞外液，它们贮留在组织中会造成水肿。据调查，大约有75%的孕妈妈在怀孕期间曾经发生过水肿。

脚掌、脚踝、小腿是最常出现水肿的部位，有时候甚至脸部也会出现轻微的浮肿。这种水肿一般在经过一段时间休息后能够消退，且往往早晨症状较轻、晚间加重。

怀孕七八个月后，症状会进一步加重。如果又碰上天热，肿胀就会更加明显。

对孕妈妈和胎儿的影响

孕期一定程度的水肿是正常现象。如在妊娠晚期只是脚部、手部轻度水肿，无其他不适，可不必做特殊治疗。通常到了晚上水肿稍重一些，经过一夜睡眠便会有所减轻。

但是如果早上醒来后水肿还很明显，整天都不见消退，或是发现脸部和眼睛周围都肿了，手部也肿得很厉害，或者脚和踝部突然严重肿胀，一条腿明显比另一条腿水肿得厉害，最好及早去看医生，因为这可能是合并了轻度妊娠高血压综合征，会对胎儿产生很大的危害。

经验之谈

1.怀孕后要尽量控制盐分的摄入，每天摄取量在6克以内。

2.不吃烟熏食物，如牛肉干、猪肉脯、鱿鱼丝等；不吃腌制的食物，如泡菜、咸蛋、咸菜、咸鱼等；不要吃难消化、易胀气的食物，如油炸的糯米糕、红薯、洋葱、土豆等，以免加重水肿。

3.避免久坐或久站，常常走一走、动一动，以促进下肢血液循环。尽可能经常把双脚抬高、放平。坐着工作时，在脚下垫个矮凳。

4.穿着舒适的鞋子，不要穿会压迫到脚踝及小腿的附有松紧带的袜子。

有助于缓解妊娠水肿的食物

食物类别	食物名称
富含蛋白质的食物	畜、禽、肉、鱼、虾、蛋、奶、豆类食物等
富含钾的食物	香蕉、梨等新鲜水果
富含维生素C的食物	柠檬、蔬菜、草莓等水果和各种黄绿叶蔬菜
富含维生素B_1的食物	猪肉、花生等
利尿消肿的食物	红豆、冬瓜等

小炒鱼

材料 带骨草鱼肉350克，青、红辣椒各1个。

调料 植物油、姜片、蒜片、盐、醋、酱油、料酒、香油、水淀粉各适量。

做法

1. 草鱼肉洗净，切小块，盛入盘中，加盐、酱油、料酒、水淀粉拌匀；青、红辣椒去蒂、籽，洗净，切丝。

2. 锅内倒油烧热，放入鱼块，炸熟，捞出控油。

3. 锅底留油，下姜片、蒜片、辣椒炒香，加醋、酱油、适量水烧沸，倒入鱼块翻炒入味，用水淀粉勾芡，淋上香油即可。

梨粥

材料 糯米50克，鸭梨1个。

调料 蜂蜜适量。

做法

1. 鸭梨洗净，去皮去心，切片；糯米洗净用水浸泡1小时。

2. 锅置火上，倒入适量清水煮沸，加入糯米，大火煮沸后转小火熬煮至黏稠。

3. 放入梨片用小火熬煮15分钟后凉凉，加蜂蜜即可。

营养指南 梨有利尿作用，与大米煮粥可清热利尿、消除水肿。

腿抽筋

症状解析

孕妈妈在怀孕期间发生小腿抽筋，主要有三种原因：第一，孕期体重慢慢增加，双腿的负重也开始增加，腿部的肌肉经常处于疲劳的状态，容易引起抽筋；第二，孕期对钙的需求会增加，尤其是在孕中、晚期，如果饮食中钙的含量不足，就容易引起小腿抽筋；第三，夜间孕妈妈体内的血钙水平比白天要低，所以夜间常出现小腿抽筋的现象。

对孕妈妈和胎儿的影响

偶尔出现腿抽筋不用担心，但如果是经常性的肌肉疼痛、腿部肿胀或触痛，则应该去医院检查。这可能是下肢静脉血栓的征兆，需要及时治疗。

小腿抽筋不能作为缺钙诊断的标志，如果孕妈妈摄入的钙过多，会危害健康，同时还会干扰身体对其他微量元素的吸收和利用，增加孕妈妈患肾结石病的风险。

经验之谈

1.多晒太阳，多吃富含维生素D的食物。维生素D能够促进人体对钙质的吸收，平常要注意吃些海鱼、动物肝脏、蛋黄和瘦肉等富含维生素D的食物。

2.睡觉时调整好睡姿，采用最舒服的侧卧位。伸懒腰时注意两脚不要伸的过直，并且注意下肢的保暖。

3.注意不要让腿部肌肉过度劳累，不要穿高跟鞋。睡前对腿和脚部进行按摩。

4.睡前把生姜片加水煮开，待温度降到脚可以承受时用来泡脚。生姜水不但能缓解疲劳，还能促进血液循环，帮助安神，促进睡眠。水量没到小腿肚以上，这对避免抽筋特别有效。或者用湿热毛巾热敷一下小腿，也可以使血管扩张，减少抽筋；同时，还有助于睡眠。

5.多吃富含钙质的食物。比如牛奶、芝麻酱、虾皮、豆腐、绿色蔬菜等。

有助于缓解妊娠水肿的食物

食物类别	食物名称
乳制品	牛奶、羊奶、乳酪、酸奶等
肉类	猪肝、山羊肉、鹌鹑等
蔬菜	小白菜、油菜、茴香、香菜、芹菜
豆类	大豆、绿豆、红小豆、及豆浆、豆腐等豆制品
海产品	海参、海虾、海鱼、海带、海藻等

猪肝炒油菜

材料　猪肝50克，油菜200克。

调料　酱油、植物油、盐、料酒、葱、姜各适量。

做法

1. 将猪肝切成薄片，用酱油、葱、姜、料酒等浸泡；把油菜洗净切成段，梗、叶分别放置。

2. 锅置火上，放油烧热，放入猪肝快炒后盛出，再把油烧热后加盐，先炒菜梗，稍缓再下油菜叶，炒至半熟，放入猪肝，并倒入余下的酱油、料酒，用大火快炒几下即可。

营养指南　油菜所含钙量在绿叶蔬菜中为最高，适合孕期有腿抽筋的孕妈妈经常食用。

小白菜水饺

材料　面粉500克，小白菜200克，猪肉馅350克。

调料　葱末、花椒粉、盐、酱油、芝麻油各适量。

做法

1. 面粉倒入盆中，加适量清水搅拌均匀，和成表面光滑的面团，饧发20分钟。

2. 小白菜择洗干净，剁碎；猪肉馅加葱末、花椒粉、酱油和芝麻油朝一个方向搅拌至上劲，放入白菜碎和盐搅拌均匀，制成馅料。

3. 面团搓成长条，揪成大小均匀的面剂子，擀成饺子皮，包入馅料，做成饺子生坯，放入沸水中煮熟即可。

妊娠期糖尿病

症状解析

怀孕期间孕妈妈体内会产生一些抵抗胰岛素发挥作用的物质，从而造成血糖升高的现象，即为妊娠期糖尿病。妊娠期糖尿病多发生在孕期第28周左右，主要症状为"三多一少"，即多食、多饮、多尿，体重不增，或与孕期应该增加的体重严重不符，还表现为特别容易感到疲乏。

对孕妈妈和胎儿的影响

对孕妈妈的危害

1. 流产。患有妊娠糖尿病的孕妈妈，如果血糖控制不好会引起流产，流产率高达30%。

2. 难产。患有妊娠糖尿病的孕妈妈生出巨大儿的概率很高，增加了难产的风险。

3. 进展为糖尿病。得过妊娠糖尿病的女性，多年后，半数以上会发展为糖尿病。

对宝宝的危害

1. 巨大儿。巨大儿的发生率可达40%，由于母亲的血糖水平高，胎儿长期处于高血糖环境中，体重过多增长。

2. 低出生体重儿。严重的妊娠糖尿病还有可能使胎儿较小，引起胎盘机能不全，导致胎儿发育不全，最终成为低出生体重儿。

3. 新生儿低血糖。胎儿是直接从孕妈妈血液中的葡萄糖摄取营养的，而血糖浓度过高，会引起胎儿体内胰岛细胞增生，胰岛素分泌多。出生后血糖突然下降，会出现暂时性新生儿低血糖。表现出吞咽困难、苍白、颤抖、呼吸困难和躁动等低血糖症状。

4. 致畸甚至死亡。患有妊娠糖尿病的孕妈妈，其宝宝发生先天畸形的概率比正常宝宝高2~3倍。除此之外，患有妊娠糖尿病的孕妈妈其胎儿在围产期（指怀孕第28周到产后一周的这段时间）的死亡率约为10%。

5. 呼吸窘迫综合征等。过高的血糖会影响胎儿肺部表面呼吸膜的生长，使呼吸膜的发育出现异常，宝宝出生时会出现窒息，生后面临着呼吸窘迫、代谢性酸中毒、酮症酸中毒等危险。

经验之谈

1. 糖尿病孕妇最合适的体重增加量为6~8千克。因此，在控制饮食时，应将所摄取的热量限制。

2. 可每日进餐4~6次，采取少食多餐的方式，临睡前必须进餐1次。合理安排饮食，避免高糖食品，多食蔬菜等富含纤维素的食品，注意维生素、铁、钙的补充。水果的补充最好是在两餐之间，尽量不要吃含糖量较高的水果，或以蔬菜代替，如番茄、黄瓜等。

3.孕期妇女最好在怀孕第18周和第32周到医院检查，如发现有孕期血糖异常的情况要特别注意咨询妇产科和内分泌专科医生。

有助于缓解妊娠期糖尿病的食物

食物类别	食物名称
富含优质蛋白质的食物	蛋、牛奶、深红色肉类、鱼类及豆浆、豆腐等
富含膳食纤维的食物	五谷类、新鲜蔬菜、新鲜水果

萝卜丝鲫鱼汤

材料　鲫鱼1条（约250克），白萝卜250克。

调料　枸杞子、姜丝、盐、料酒、植物油各适量。

做法

1.鲫鱼去鳞，除鳃和内脏，洗净，抹上料酒，腌渍10分钟；白萝卜择洗干净，切丝。

2.锅置火上，倒入适量植物油，待油温烧至五成热，放入鲫鱼煎至两面变白。

3.加枸杞子、姜丝和适量清水，大火烧沸，转小火煮20分钟，放入豆腐丝煮熟，用盐调味即可。

枸杞牛肉

材料　熟牛肉500克，枸杞子50克，鸡蛋2个。

调料　葱段、姜片、盐、淀粉、花椒、清汤、醋各适量。

做法

1.牛肉洗净，切成小块，鸡蛋加淀粉搅成糊，加入牛肉上浆拌匀，用热油炸至金黄色。

2.枸杞子分成两份，一份水煎煮2次，提取浓缩汁液30毫升，另一份洗净蒸熟。

3.将葱段、姜片、花椒、熟枸杞子放入大碗，放上炸肉块，再将清汤、盐调成的汁浇上，放入蒸笼内蒸30～40分钟后将肉块盛于盘中，拣去葱段、姜片、花椒，原汤倒入锅内，加醋和枸杞子浓汁，搅匀，将汤烧沸后浇在肉块上即可。

妊娠纹

症状解析

妊娠纹多呈紫色，也有的呈白色或粉红色，分布往往由身体中央向外呈平行状或放射状。位置主要在腹壁上，也会出现在大腿内外侧、臀部、胸部、肩膀与手臂等处，初产妇最为明显。

妊娠纹的产生主要跟以下两个因素有关。第一是子宫膨大，腹部皮肤突然被拉开，导致皮下纤维组织及胶原蛋白纤维断裂，从而产生裂纹；第二是怀孕后肾上腺的分泌功能增强，致使黑皮质素随之增多，于是导致皮肤表面产生妊娠纹和面部生出黑褐色斑块等。

对孕妈妈和胎儿的影响

妊娠纹的发生与体质有关，不见得每个孕妈妈都会有妊娠纹，而妊娠纹的严重程度也会因人而异。妊娠纹一旦出现，并不会轻易消失，它会让孕妈妈的皮肤变得松弛、褶皱，还可引起乳房下坠、腹部脂肪堆积。夏天炎热潮湿，妊娠纹往往会引起皮肤瘙痒、湿疹等问题。所以孕妈妈应提前预防妊娠纹。

经验之谈

1.适度的运动或轻便的家务有助皮肤弹性恢复，对增加腰腹部、臀部、乳房、大腿内侧等部位的皮肤弹性效果明显。

2.从怀孕3个月到产后3个月，每天早晚取适量妊娠纹防护液，均匀涂抹于腹部、臀部、乳房、大腿内侧上，轻轻按摩几分钟至其完全吸收。洗完澡拭干皮肤水分后使用，效果更佳。

3.控制怀孕时体重增长的幅度，每个月的体重增加不宜超过2千克，整个怀孕过程中应控制在11～14千克。

有助于缓解妊娠纹的食物

食物类别	食物名称	功效
富含胶原蛋白的食物	猪蹄、猪皮、蹄筋等	增加皮肤弹性
富含维生素E的食物	圆白菜、葵花子油、菜籽油等	增加肌肤的青春活力，抗老化
富含维生素A的食物	动物肝脏、鱼肝油、牛奶、奶油、禽蛋、橘红色蔬菜及水果	避免肌肤干燥
富含维生素B_2的食物	动物肝肾、动物心、蛋、奶等	预防皮肤开裂和色素沉着

产后保健
改善体质好时机

孕妈妈生下宝宝后，身体器官要恢复到孕前状态需要
6~8周左右的时间。在这一时期内，良好的饮食调养有
助于产妇身体的正常恢复，还能改善产妇的体质，让产妇
更加健康漂亮。

吃些清淡的食物

产妇的身体状况

乳房

产妇回到产房后，小宝宝也会被送到产妇面前，这时小宝宝就开始噘起小嘴准备吸吮乳头了。有些产妇会面临没有乳汁的情况，这很正常，不用着急，大部分产妇都是在产后1～3天才会有乳汁分泌。

骨盆

骨盆是支撑身体的结构，同时保护子宫和膀胱。构成盆状底部的是一层肌肉，称为骨盆肌肉。不管顺产还是剖宫产，孕妇在生完宝宝以后骨盆都会变大。从今天起，骨盆肌肉张力会逐渐恢复，水肿和瘀血也会渐渐消失。

子宫

子宫可以说是母体在怀孕、分娩期间变化最大的器官，它会从原来的50克一直增长到妊娠足月时的1000克。从今天开始，子宫会慢慢回缩，但要恢复到孕前大小，至少需要6周左右的时间。

恶露

分娩后，产妇会排出类似"月经"的东西（含有血液、少量胎膜及坏死的蜕膜组织），这就是恶露。产后第一周是产妇排恶露的关键期，开始为鲜红色，几天后转为淡红色。

肠胃

孕期受到子宫压迫的肠胃终于可以恢复到原来的位置了，但功能要想恢复还需要一段时间。产后第1天产妇的食欲往往较差，不宜大补，也不能喝太多牛奶，容易导致胀气，不利于肠胃系统的恢复。

体温

产妇的体温在产后24小时内会略高，但一般不超过38℃，在这之后，产妇的体温大多会恢复到正常范围。

饮食营养原则

吃点藕粉、粥等流食

剖宫产的产妇需排气后才能进食，顺产的产妇，如果有胃口，在生产结束两个小时后就可以进食。不论哪种生产方式，生产过程中出汗较多，气血损耗大，在可以进食时都要选择营养好、易消化的流质食物，以免对胃肠造成负担，同时还能为身体补充水分，如甜藕粉、小米粥等。

多喝软烂的小米粥

小米粥营养丰富，有"代参汤"的美称，我国北方很多地区都有产后用小米调养身体的传统。产后第一天，产妇的胃口没有恢复，加上身体比较疲惫、肠道消化功能较弱，多吃小米粥能够帮助恢复体力，刺激肠胃蠕动，增进食欲，还能补虚损、益丹田。小米除了可以直接煮粥外，还可以加入红枣、桂圆、花生等同煮。

不急于喝老母鸡汤

民间认为，老母鸡营养丰富，是补虚的佳品。从这个角度来说，产后应该多喝老母鸡汤。但现在有另一种说法，认为产后吃老母鸡会造成回奶。理由是分娩后，产妇血液中雌激素和孕激素水平大大降低，泌乳素水平升高，才促进了乳汁的形成。而母鸡肉中含有一定量的雌激素，因此，产后立即吃老母鸡会使产妇血液中雌激素的含量增加，抑制泌乳素的分泌，从而导致产后乳汁不足，甚至回奶。这个说法目前并无可靠证据证实。但保险起见，产后不用急于喝老母鸡汤，可以先选用其他如鲫鱼汤、瘦肉汤等进补。

少食多餐，减轻胃肠负担

产后产妇的胃肠功能还没有恢复正常，一顿不要进食太多，以免加重肠道负担，可少食多餐，一天可吃5~6餐。

营养专家告诉你

到底吃几顿饭，还是要根据自身的情况。每个妈妈的食量不同，饮食习惯也不同，对于一天到底吃几顿饭，还是要根据自身情况来决定，不能"一刀切"。

产后贫血如何判断

分娩后，产妇体内失血较多，气血亏损，身体虚弱，很多人有可能会出现贫血，一般医生会结合产妇出现的头晕、面色苍白、乏力等症状，通过血液检测判断是否贫血。

产后贫血如何补

如果妈妈产后出现轻度贫血，就要注意多吃些富含铁的食物。动物血、动物肝脏、木耳、花生等食物既能活血化瘀，还能补血，促进产后恶露的排出，所以花生红枣小米粥是产后第一餐的较佳选择。

如果妈妈是严重贫血，就需要补充铁剂，医生会根据贫血的严重程度开铁剂，也可以吃孕期剩下的铁剂，但不要吃过期的铁剂。

花生红枣小米粥

妈妈营养美味食谱

蛋花汤 补水、补气

材料 鸡蛋1个。

调料 盐1克。

做法

1. 鸡蛋打入碗中，加盐搅匀。
2. 锅置火上，放适量清水煮开，放入鸡蛋液，煮开即可。

藕粉粥 气血双补

材料 藕粉、大米各25克。

调料 白糖2克。

做法

1. 大米洗净，放入锅中煮粥。
2. 大米熟时加入藕粉和白糖调匀即可。

三角面片 补充水分、利小便

材料 馄饨片50克，青菜15克，高汤100克。

做法

1. 青菜洗净，切碎；小馄饨片用刀拦腰切成两半后成小角状。
2. 锅中放高汤煮开，放入三角面片，煮开后放入青菜碎，煮至沸腾即可。

**产后
第2天**

喝些生化汤，
促进恶露排出

产妇的身体状况

乳房

有的产妇在产后第2天才分泌出少量色黄混浊的初乳，同时乳房逐渐膨大，初乳增多。不管有没有奶水，都要让宝宝多吸吮。初乳非常珍贵，能满足宝宝的营养需求，而且宝宝最初的免疫力也来自于初乳。

骨盆

骨盆肌肉的张力得到恢复，可以控制膀胱内尿液的存储，但完全恢复还有待时日。

子宫

产妇的子宫比前一天稍微缩一点，已经回缩到肚脐的高度，但要恢复到孕前状态还需要一段时间。

恶露

产后第2天产妇排出的恶露可能会有所增加，不用过分担心，这是正常现象。医生会照常检查你的身体状况，如果有任何不适应及时告诉医生。

肠胃

产后第2天产妇的肠胃功能仍然没有完全恢复，胃口也不太好，可以喝些红糖水、红枣莲子羹等补气补血，坚持少食多餐，减少肠胃的负担。

便秘

产妇常因为生产前后进食少、喝水也少，容易出现产后便秘的情况，而产后便秘常会导致排便时过于用力造成脏器脱垂或撕裂伤口等，因此，预防产后便秘非常重要，应该及时下床多走动，以促进排便。

饮食营养原则

吃软烂的面条和粥类

产后第2天，产妇的肠胃功能尚未恢复，仍然要以清淡、易消化的流质食物为主，如小米粥、瘦肉粥、蒸鸡蛋等。

吃鸡蛋促恢复

鸡蛋富含蛋白质、卵磷脂、钾、镁等成分，易消化吸收，还可促进伤口愈合，补充体力。但是吃鸡蛋以一天1~2个为宜，过量食用会增加消化系统的负担，甚至出现胸闷、头晕、四肢无力等症状。

高龄产妇产后应多吃补血的食物

高龄产妇产后身体比较弱，因为年龄比较大，身体恢复也慢，更要重视调养，尤其要注重补气血，可以吃些补气血的食物，比如桂圆、乌鸡等。但不能吃人参等大补的食物，以防虚不受补。

吃动物血以补铁生血

铁是促进血液中血红素形成的主要成分之一，血红素可使皮肤红润有光泽，因此妈妈的膳食中富含铁元素的食物必不可少，如动物血、动物肝脏、木耳、海带、芝麻、黑豆等。

喝点红糖水帮助排恶露

产后第2天，恶露开始增多，此时通过食补可促进恶露的排出。这时候可以喝点红糖水，不仅可以补血，还可以帮助补充碳水化合物，促进恶露的排出和子宫的修复等。此时开始一直到产后第10天，可以每天喝一杯红糖水，不宜长期喝，因为长时间喝红糖水反而会使恶露中的血量增加，继而引发贫血。

喝生化汤，调理、排恶露两不误

生化汤能生血祛瘀，帮助排出恶露。但是产后不宜立即服用，一般顺产产妇在产后第2~3天可以饮用，剖宫产产妇则最好产后7天再开始饮用。生化汤要温热饮用，不宜长时间服用，以7天为宜，不要超过2周。因为分娩2周后，产妇的子宫内膜已经进入新的生长期，这时喝生化汤不利于子宫内膜的新生，容易导致出血不止。不同体质的产妇在饮用前最好先咨询医生。产妇若产后血热且有淤滞不宜饮用；若恶露过多、出血不止也不宜饮用。

产后一周之内，产妇食用鸡蛋以蒸蛋羹或煮鸡蛋为宜，不仅易于消化吸收，且清淡不油腻，而不宜用煎、炒的方式。

妈妈营养美味食谱

生化汤 促进子宫收缩

材料 当归20克，川芎15克，炮姜、炙甘草各1克，桃仁（去皮、尖）10克。

调料 黄酒10克。

做法

将桃仁敲碎后与当归、川芎、炙甘草、炮姜一起放入锅中，加入黄酒和水（以没过药材为宜），煎成一碗。每天正餐前空腹喝50克。

阳春面 促进消化吸收

材料 挂面300克，小白菜150克。

调料 葱花5克，盐3克，香油适量。

做法

1. 汤锅内倒入清水烧开，下入挂面煮熟，捞出过凉水，沥干水分；小白菜洗净，放入煮面条的水中焯熟，捞出。
2. 锅内倒入清水烧开，加盐调味，倒入大碗中，捞入煮熟的面条和焯熟的小白菜，淋上香油，撒上葱花即可。

糯米阿胶粥 补血益气

材料 糯米60克，大米、阿胶各30克。

调料 红糖少许。

做法

1. 糯米、大米分别淘洗干净，放入锅中，加适量清水煮至粥熟。
2. 粥熟后，放入阿胶和红糖，边煮边搅匀，煮至红糖和阿胶化开即可。

以软烂食物为主，不宜大补

产后
第3天

产妇的身体状况

乳房

从此时开始要注意保护乳房，一是避免哺乳引起乳房下垂，二是保护好乳头，避免因为宝宝的吸吮造成乳头皲裂。可常用奶水涂抹乳头。

恶露

此时恶露的量依然不少，要格外注意会阴卫生。如果没有侧切的话，此时应该已经出院了，在家要用温开水清洗外阴，避免发生感染。如果有侧切伤口，那么产后第3天要检查伤口的恢复情况。

体温

有些产妇在产后三四天会因乳房血管、淋巴管极度充盈而出现体温升高，甚至可达38.5~39℃，一般可持续数小时，但最多不超过12小时，体温即下降，这种情况不属于病态。可以通过按摩乳房、新生儿吸吮、人工挤乳等方法使体温下降。

如果产后产妇体温异常升高，或1日有2次体温超过38℃就应视为异常，应到医院进行检查，确定到底是不是产褥感染、乳腺炎等，方便及时治疗。

下腹阵痛

产妇刚分娩完，经常会因为宫缩而引起下腹阵发性疼痛，这叫作"产后宫缩痛"。不过一般在2~3天后阵痛会自然消失，不用过多担心。

阴道口变大

产妇阴道内部的肌肉会发生变化，顺产女性会阴处撕裂或是侧切，会造成不同程度的损伤，阴道口变得宽大，骨盆韧带变宽，子宫比以前稍大。

饮食营养原则

继续以软烂食物为主，不要大补

产后第3天，产妇尚处于身体恢复期，肠道功能也较弱，最好保持易于消化的流质或半流质的饮食。如粥类、汤类等。

比较油腻、大补的食物仍不宜食用，如鸡汤等。也不要吃刺激性的食物，过酸、过辣都不适合。

多吃可促进恶露排出的食物

此时产后恶露排出正多，产妇在饮食上可以适当多吃一些有助于排除恶露的食物，如可多吃糯米阿胶粥、红枣莲子粥、益母草煮鸡蛋等增加造血功能的食物，以促进恶露的排出。

多吃富含镁、B族维生素的食物

产妇产后不仅要养身，也要养心，避免因为生活的巨大变化而出现心情压抑或抑郁等不良状况。可以在坐月子期间适当多摄取一些富含镁、锌、B族维生素、ω–3脂肪酸等营养成分的食物，如海鱼、鸡蛋、深绿色蔬菜、新鲜蔬果、红豆等，这些食物都有抗压及抗抑郁、促进睡眠的功效。

避免一次性大量喝水

产后可以适当喝水来补充身体需要，但最好不要一次性大量喝水，因为产后全身细胞呈松弛状态，若一次性大量饮水容易引起水肿并影响营养物质的吸收。有水肿现象的产妇不宜过多饮水，以免加重症状。

注意进餐顺序，减轻胃肠负担

妈妈在进餐时可先吃蔬菜类的食物，增加饱腹感，然后再喝汤，接着吃主食，最后吃富含蛋白质的肉类食物。这样既能保证营养需要，又能减少进食量，有利于控制体重。

蔬菜 提供膳食纤维、维生素、矿物质

主食 富含碳水化合物，此时摄入又不会过多；若能把主食换成五谷饭等，对体重控制更有帮助

肉、鱼、蛋等 补充每日的蛋白质所需

水果 提供矿物质、维生素；多选择甜度低的水果如苹果等，有利于控制体重

 营养专家告诉你

非哺乳妈妈宜边回乳边进补。有些妈妈可能会因某些原因不能进行母乳喂养，需要回乳，在饮食上要吃一些抑制乳汁分泌的食物，如炒麦芽等。此外，尽量远离促进乳汁分泌的食物，如花生、猪蹄、鲫鱼等。但因为经过分娩，妈妈的身体恢复也需要一个循序渐进的过程，应吃些低热量、低脂肪、滋补性强的食物，做到边回乳边进补。

妈妈营养美味食谱

红糖酒酿蛋 加速身体恢复

材料 鸡蛋1个，酒酿200克。

调料 红糖10克。

做法

1. 锅置火上，放入适量清水烧开，加入酒酿和红糖，煮2分钟至红糖化开。
2. 打入鸡蛋，搅拌均匀即可。

营养指南 糯米红糖补血，酒酿开胃，鸡蛋能补充蛋白质，三者搭配食用有利于加速身体恢复。

鸡蛋面线 促进体力恢复

材料 面线100克，鸡蛋1个，油菜80克。

调料 盐1克，葱花、姜丝各5克，植物油适量。

做法

1. 油菜洗净；鸡蛋打散，煎至两面金黄。
2. 锅留底油，爆香姜丝和葱花，放入适量水和油菜，烧开后放入面线烧开，放入鸡蛋，加盐调味即可。

产后 第4~7天 可喝些催乳汤

产妇的身体状况

乳房

宝宝的吸吮能力不断增强，奶水的分泌也开始增多，但多余的奶水要及时挤出来，并且要经常轻轻按摩乳房，以利于乳房分泌乳汁。喂完奶后，还要坚持用奶水涂抹乳头，并且要勤换内衣。

子宫

产妇会感觉到子宫在慢慢缩小，但是还没有恢复到正常大小，肚子看上去并没有小太多，而且肚皮也有不同程度的松弛，腹部的那条黑色的中线还是很明显。

恶露

产妇的恶露颜色可能会变淡，量也会少一些。到产后第7天，新妈妈的恶露没有前几天那么多了，颜色逐渐变暗，腥味也有点减淡。

伤口及疼痛

会阴侧切的伤口处还有些肿痛感，大部分产妇可能还是会疼，这和个人体质有关。需要特别注意外阴卫生，每天用温开水清洗。

尿液或汗液

产妇排尿或者出汗会较多，尤其是怀孕期间妊娠水肿比较严重的产妇，会大量出汗，或者出现尿液增多的现象。之所以出现这种情况，主要是因为自身在排除体内多余的水分。此时要注意防风，避免着凉感冒，而且要多喝点水，避免水分流失过多，导致身体虚脱。

饮食营养原则

饮食仍要以清淡为主

妈妈的消化功能还没有恢复，所以饮食应以清淡不油腻为主，不宜大补。因为产褥早期胃肠肌张力仍较低，肠蠕动减弱，产妇食欲欠佳，这时若大量进食过于油腻的食物，骤然进补，反而使身体难以接受，引起消化、吸收不良。因此饮食一定要清淡，不要过于油腻。在喝汤的时候，为了避免过于油腻，可以将上层的油撇除再喝。

可以喝些催乳汤

一般产后第4天，妈妈开始正式分泌乳汁了，也有的会稍晚些。开始泌乳后，产妇可适当多喝点汤，但要将汤内的浮油去除，以免摄入过多高脂食物阻塞乳腺，而且过早进食太多的脂肪也会使乳汁内脂肪含量过高，易引起宝宝腹泻。

吃些促进伤口愈合的食物

这时妈妈可以更长时间看护宝宝了，体力消耗相应会增大，伤口也开始愈合，要多吃一些促进伤口愈合的食物。

营养素	作用	来源
蛋白质	促进伤口愈合，减少伤口感染的机会	各种瘦肉、蛋类等
维生素A	促进伤口愈合	鱼肝油、胡萝卜素等
维生素C	促进胶原蛋白的合成，帮助伤口愈合	各种蔬菜、水果等

开始吃蔬果，但不要吃寒性和凉性的

传统观念认为，在月子期间蔬果要少吃甚至不吃。其实，新鲜的蔬果富含维生素、膳食纤维和矿物质，可以补充肉类、蛋类的不足，能开胃、增食欲、润泽肌肤，还能帮助消化及排便，防止产后便秘的发生。因此，产妇除了在产后三天尽量少吃水果外，到这个时候可以适当吃些水果和蔬菜了，但是切记不能吃凉的。

水果最好在温水里泡一泡再吃，或者改喝温热的鲜榨果汁，不仅可以补充营养，还能保护牙齿。食用蔬菜的时候，在产后1周内一定要煮得软烂，除了不能吃过多寒性和凉性的蔬菜外，月子期间也不宜过食凉拌菜。

多吃些含钙质的食物

产妇在产后总感觉浑身没劲，四肢乏力，懒洋洋地提不起精神，这就需要多摄入一些含钙的食物，如牛奶、豆制品、海米、芝麻或芝麻酱、西蓝花及紫甘蓝等。其中，牛奶中的钙含量高，是人体最佳的钙质来源，而且钙和磷的比例适宜，利于钙的吸收。妈妈每天喝杯牛奶，可以预防缺钙，促进宝宝骨骼和牙齿的发育。妈妈每天要喝250~500毫升牛奶。一般情况下，热牛奶的温度应该控制在60℃左右，温度过高会破坏牛奶中的营养。

 **营养专家告诉你**

不是所有的人都适合饮用牛奶，有些人对牛奶会有不良反应，可以用酸奶或豆浆来代替。

妈妈营养美味食谱

木瓜鲫鱼汤 补虚、下乳

材料 木瓜250克，鲫鱼300克。

调料 盐2克，葱段、姜片各5克，香菜段3克，植物油适量。

做法

1. 木瓜去皮除籽，洗净，切片；锅内倒油烧热，放入鲫鱼煎至两面金黄。

2. 将煎好的鲫鱼、木瓜片放入汤煲内，加入葱段、姜片，倒入适量水，大火开，转小火煲40分钟，加入盐调味，撒香菜段即可。

鲈鱼豆腐汤 补钙、促进伤口愈合

材料 鲈鱼1条，豆腐、鲜香菇各50克。

调料 葱花、姜片各5克，盐2克。

做法

1. 鲈鱼处理干净，切块，入锅略煎，盛出；豆腐洗净，切块；香菇去蒂，划上十字刀。

2. 锅置火上，放入适量清水，加入姜片烧开，放入豆腐块、鱼块、香菇，炖煮至熟，撒上葱花，加盐调味即可。

牡蛎豆腐汤 易消化、预防便秘

材料 牡蛎肉80克，豆腐150克。

调料 盐2克，葱末5克，鱼高汤20克，香油1克，水淀粉10克，植物油适量。

做法

1. 豆腐洗净，切片；牡蛎肉洗净，沥干。

2. 锅内倒油烧热，爆香葱末，放入鱼高汤大火煮开，下豆腐入锅煮熟，再放入牡蛎肉煮1分钟，加入盐调味，倒入水淀粉勾芡，淋入香油即可。

产后
第2周

调理脾胃，
促进子宫收缩

产妇的身体状况

乳房

产妇最好准备一块专用的毛巾，在每次喂宝宝前，用温开水沾湿毛巾，轻轻擦拭乳房，主要是乳晕和乳头部位，动作要轻柔，以免擦破乳头上的皮肤。这样做既可保证宝宝健康，还可防止妈妈乳头感染，预防乳腺炎。

胃肠

这周，胃肠已经慢慢适应产后的状况，但是对油腻的汤水和食物多少还是不适应的，可以荤素搭配来吃，慢慢增强脾胃功能。

子宫

在分娩刚结束的时候，因子宫颈充血、水肿，会变得非常柔软，子宫颈壁会很薄，1周之后才会慢慢恢复原状。而本周正是子宫颈内口慢慢闭合的阶段。

恶露

这周恶露明显减少，颜色由暗红色变成了浅红色，有点血腥味，但是不臭。要留心观察恶露的质和量、颜色及气味的变化，以便掌握子宫复原情况。

伤口及疼痛

侧切和剖宫产术后的伤口在这周还会隐隐作痛，下床走动、移动时身体会有撕裂的感觉，但是疼痛较前已明显缓解。

妊娠纹

此时，产妇的妊娠纹比较明显，可以做些腹部的按摩，帮助消除妊娠纹，也有利于子宫的恢复。

饮食营养原则

调脾胃、促宫缩食材

含有黏液蛋白，可以防止黏膜损伤，保护胃壁，预防胃溃疡和胃炎，还能促进消化。

食用指导

山药烹调的时间最好不要过长，久煮容易使淀粉酶遭到破坏，降低其健脾、助消化的功能，还可能破坏其他不耐热或不耐久煮的营养成分，造成营养素流失。

富含维生素C等成分能有效保护胃黏膜。

食用指导

可以清炒，但是产妇在食用西蓝花时一定要比平时更软烂，以更好消化，还能避免伤害牙齿。

性温、味甘，有温中益气、健脾胃、强筋骨等功效。

食用指导

鸡肉的吃法很多，可以煲汤、炒等，产妇食用时要尽量使肉质软烂。

性温，味甘，有补脾胃、益气血的作用。

食用指导

可直接食用，也可以煲汤或煮粥。产妇如果直接食用，一日不宜过多，以3颗为宜。

进食时要细嚼慢咽，避免吃过冷或过热食物

产妇在产后脾胃虚弱，进食过快会加重肠胃负担，每次进食时都应该充分咀嚼，这样唾液的分泌会随之增加，也能将食物嚼得更细碎，既能保护胃黏膜，也能让肠胃充分消化食物。此外，产后不宜吃生冷食物，食物温度应以不烫不凉为宜，饮食过凉会刺激胃，引起胃黏膜收缩，影响胃的功能，如果饮食过热，不仅会伤害牙齿，对消化道和胃黏膜也是一种损伤，导致胃黏膜保护作用降低，使胃黏膜血管扩张，严重的还会导致胃黏膜出血。

可以吃煎鸡蛋，但是要煎熟

第一周里吃鸡蛋主要以白水煮蛋、面条卧蛋和蒸鸡蛋羹为主，这一周脾胃功能有所恢复，可以变变花样，吃点煎鸡蛋了。但是在煎鸡蛋的时候一定要彻底煎熟，不要食用"单面煎蛋"，否则不仅不利于消化吸收，还容易感染细菌。

妈妈营养美味食谱

鸡肉山药粥 健脾胃，增强体力

材料 大米75克，鸡肉100克，山药80克。

调料 盐2克，葱末、植物油各适量。

做法

1. 山药去皮洗净，切片；鸡肉洗净，切丁，入沸水锅中焯烫一下，捞出。
2. 锅内放油烧热，将葱花爆香，先放鸡肉丁翻炒均匀后盛出；大米洗净，放砂锅中，加水烧开，加鸡肉丁和山药块烧开后转小火熬煮，直至粥熟加盐调味即可。

西蓝花蒸蘑菇 保护胃黏膜

材料 西蓝花500克，蘑菇100克。

调料 盐、生粉、植物油各适量。

做法

1. 西蓝花洗净，撕小朵，蘑菇洗净，切丁，放入蒸锅，蒸10分钟左右。
2. 取一小锅，将水、盐、植物油混合煮沸，放入生粉快速搅拌至汤汁浓稠时关火。
3. 最后将蒸好的西蓝花取出，将芡汁浇于表面即可。

银耳木瓜排骨汤 促进子宫收缩

材料 排骨250克，银耳5克，木瓜100克。

调料 盐2克，葱段、姜片各适量。

做法

1. 银耳泡发，洗净，撕小朵；木瓜去皮、籽，切块；排骨洗净，切段，焯水。
2. 汤锅加清水，放排骨、葱段、姜片同煮，烧开后放银耳，小火慢炖约1小时。
3. 把木瓜放入汤中，再炖15分钟，调入盐搅匀即可。

催乳为主，
补血为辅

产妇的身体状况

乳房

这时，乳房开始变得饱满，肿胀感慢慢减退，清淡的乳汁渐渐浓稠起来了。每天喂宝宝的次数增多，偶尔也会有乳汁外溢的现象。

胃肠

现在的食欲基本恢复到从前水平了，且经常有饿的感觉。通过前两周的调整和进补，肠胃已经适应了少食多餐、以汤水为主的饮食。

子宫

子宫收缩基本完成，已经恢复到骨盆内的位置，最重要的是子宫内的积血已基本排出了，而此时雌激素的分泌特别活跃，子宫的功能比孕前更好。

恶露

本周恶露是白色的，需要特别注意的是，这时不要误认为恶露已尽，就不注意会阴的清洗和保护了，因为白色恶露还会持续1～2周的时间。

伤口及疼痛

会阴侧切的伤口已经没有明显的疼痛感了，但剖宫产妈妈的伤口还是会偶尔出现疼痛。只要不是持续疼痛，没有分泌物从伤口处流出，基本上再过两周就可以完全恢复正常了。

妊娠纹

有妊娠纹的妈妈，会发现这一周妊娠纹变淡了一些。

饮食营养原则

多吃些催乳的食物

红豆

富含蛋白质、糖类、脂肪、膳食纤维、维生素、叶酸和各种矿物质，营养价值比较高，具有消肿、止血、催乳之功效，是产后进补的理想食材之一。

莴笋

"莴笋通乳汁"的功效在李时珍《本草纲目》中已有明确的记载。莴笋含钾量是钠盐含量的5倍，能促进排尿和乳汁的分泌，维持产妇体内水电解质的平衡。

莲藕

能够健脾益胃、润燥养阴、行血化淤、清热生乳。多吃莲藕，能及早清除体内积存的淤血，增进食欲，帮助消化，促使乳汁分泌，解决乳汁不足的难题。

黄花菜

有宽胸、下乳的功效，治产后乳汁不下，用黄花菜炖瘦猪肉食用，功效极佳。

茭白

有解热毒、防烦渴、利二便和催乳功效，现在一般多用茭白、猪蹄、通草同煮食用，有较好的催乳作用。

猪蹄

猪蹄富含胶原蛋白，对保养皮肤非常有益，是产妇的美容佳品，但更多时候是用来催乳，适用于产后气血不足、乳汁缺乏。

鲫鱼

自古以来鲫鱼就是产妇的催乳补品，炖鲫鱼汤，既补虚，又可让妈妈乳汁充盈。

豆腐

对乳汁不足者，能补气血及增进乳汁分泌。以豆腐、红糖、酒酿加水煮服，可以生乳。

应进食滋阴补血的食物

产妇在产后饮食上一定要注意，营养均衡以供给足够的造血原料，尤其是蛋白质、维生素、铁等。如胡萝卜，不仅含有铁质还含有丰富的胡萝卜素，还有助于消化吸收等特点。动物肝脏、血和瘦肉是补铁的最佳选择。蛋、豆制品、红枣、桂圆也是哺乳期妈妈不可少的食补之选。新鲜蔬果中的维生素C可以使植物性食物中铁的吸收率提高2～3倍。

多补充铁元素

铁是组成红细胞的主要元素，如果怀孕期间摄取不足或生产时流血多，产后补充铁质可以补血益气，使脸色恢复红润。

铁

血红素铁	非血红素铁
存在于动物性食物中，如肝脏、红肉、鸡肉及一些海产品中含量比较多	在蛋黄、豆类、全谷（如全麦、燕麦和糙米等）、水果干、一些深绿色蔬菜中比较多

多补充维生素

维生素	功效	来源
维生素A	对于维护膜组织的健康、促进产后恢复有着特别的功效	鱼肝油、蛋、肝、乳类、菠菜、胡萝卜、苋菜和莴笋叶中含胡萝卜素量较多，胡萝卜素在人体内可以转化成维生素A
维生素B$_1$	促进新陈代谢，消除产后疲劳，增加食欲	动物内脏（肝、心及肾）、肉类、豆类、坚果及小米、玉米、糙米、蛋等都富含维生素B$_1$
维生素C	增强抵抗力，加速伤口愈合，促进铁吸收	菠菜、芥菜、青椒、柑橘、橙子、草莓、柠檬、葡萄、苹果、番茄等都富含维生素C
维生素D	调节钙与磷的吸收与利用，健康人体可以在阳光照射下制造维生素D	鱼肝油、蛋类、乳类、猪肝中都富含维生素D

妈妈营养美味食谱

通草猪蹄汤 补血通乳

材料 猪蹄500克，通草5克，枸杞3克。
调料 盐、葱段、姜片各适量。

做法

1. 猪蹄洗净，剁成小块，入沸水中焯烫去血水浮沫，捞出备用；通草洗净。
2. 汤锅内加适量清水，放入猪蹄以及葱段、姜片大火煮开，慢火炖1个小时，放入通草再炖1小时，加枸杞煮10分钟，调入适量的盐即可。

豆浆鲫鱼汤 补虚、催乳

材料 豆浆500克，净鲫鱼1条。
调料 葱段、姜片各15克，盐2克，植物油适量。

做法

1. 净鲫鱼洗净。
2. 锅置火上，倒油烧至六成热，放入鲫鱼两面煎至微黄，下葱段和姜片，加盖焖一会儿，倒入豆浆，加盖烧沸后转小火煮30分钟，放盐调味即可。

红豆大米粥 催乳、消肿

材料 大米50克，红豆30克。

做法

1. 红豆洗净，清水浸泡1小时；大米洗净。
2. 锅置火上，加入适量清水煮沸，将红豆放入锅中煮至七成熟，加入大米煮至黏稠即可。

产后
第4周

增强体质，
补充体力

产妇的身体状况

乳房

本周乳汁分泌增多，但也容易得急性乳腺炎而无法给宝宝喂奶。急性乳腺炎是发生在乳房部位的急性化脓性疾病，主要表现为患者乳房红、肿、热、痛，局部脓肿形成，体温升高。急性乳腺炎是月子里的常见病，症状轻的可以继续哺乳，但要采取积极措施促使乳汁排出，或者局部用冰敷，以减少乳汁分泌。症状严重的就必须就医了。急性乳腺炎还是应以预防为主：保持乳头清洁；养成良好的哺乳习惯，每次哺乳让宝宝尽量将乳汁吸尽，如吸不尽时要挤出；不能让宝宝含着乳头睡觉；乳头破损时要停止哺乳，用吸乳器吸出乳汁，待伤口愈合后再行哺乳。一定要保持情绪稳定，坚持勤给宝宝喂奶。

胃肠

经过前3周的调理，肠胃功能逐渐恢复正常了，可以适当增加一些营养，但是仍然不要吃得过多，以免给肠胃造成负担。

子宫

子宫大体复原，本周应该坚持做产褥操，以促进子宫、腹肌、阴道、盆底肌的快速恢复。

恶露

本周白色的恶露基本上排干净了，变成了普通的白带。但是也要注意会阴部位的清洁，勤换内裤。

伤口及疼痛

术后伤口上留下的痕迹，一般呈白色或灰白色，质地坚硬，这个时候开始有瘢痕增生的现象，局部会发红、发紫、变硬，且突出表面。瘢痕增生会持续半年左右，然后等它逐渐停止，疤痕才会慢慢变平、变软、变淡。

饮食营养原则

多吃些增体质、补体力食材

牛肉
富含蛋白质和铁，脂肪含量低，能补气补血，促进伤口愈合，增强人体抵抗力。

食用指导
牛肉宜横切，将长纤维切断，这样不仅入味，也更易消化。

豆腐
富含优质蛋白，对产后妈妈的体力恢复极有帮助，还含有丰富的大豆卵磷脂，能促进产妇的新陈代谢，补养气血。

食用指导
豆腐可以用蒸、煮、炖、煎、炸等很多方式烹调，但是最好以蒸、煮、炖为主。

瘦肉
瘦肉相比肥肉，脂肪含量低，富含铁，如果体内缺铁，会常常觉得疲劳、无力，体内铁质充足可提高细胞的免疫力。

食用指导
吃肉时可以搭配吃点蒜，能促进瘦肉中B族维生素的释放，起到缓解疲劳的作用。

猕猴桃
富含维生素C和碳水化合物，能增强抵抗力、预防感冒。

食用指导
可直接食用，也可以打成猕猴桃汁饮用。

可以食用的蔬菜和水果更多了

月子期间的饮食要均衡、多样化，产后第四周产妇的身体状况较前已明显好转，饮食上，肉、蛋、蔬菜、水果等要均衡，尤其是蔬菜的种类可以相比之前更丰富些，绿叶蔬菜、根茎、块茎蔬菜都可变换花样食用，以满足身体的营养需求，也能让乳汁的成分更均衡，更有利于宝宝健康。蔬菜中大量的维生素对于产妇的精神恢复也大有好处。

妈妈不要吃得油腻，不仅自己长肉还易致宝宝腹泻

母乳喂养的妈妈需要摄入足够的热量来保证乳汁的分泌，但是并不要因此而毫无忌讳地吃各种油腻食物，因为这样不仅容易造成产后肥胖，奶水中油脂太高还会导致宝宝的肠胃负担加重，出现消化不良、腹泻等症，因此，妈妈应该均衡饮食、荤素搭配，不仅能提高自身的体质，还能保证乳汁的营养均衡。另外，孕妈妈在喝汤催奶的时候，也不宜喝的过于油腻，比如鸡汤、排骨汤等，可以将表层的浮油撇掉，以减少一些不必要的油脂摄入。

妈妈营养美味食谱

土豆烧牛肉 强健身体

材料 牛肉300克,土豆块250克。

调料 酱油8克,葱末、姜片各10克,香菜段、白糖、盐各3克,植物油适量。

做法

1.牛肉洗净、切块,焯烫。

2.锅内倒油烧热,爆香葱末、姜片,放牛肉块、酱油、白糖、盐翻炒,倒入砂锅中加水,大火烧开后转小火炖50分钟,加土豆继续炖至熟软,撒香菜段即可。

肉片炒香菇 增强体力

材料 鲜香菇200克,猪五花肉100克。

调料 淀粉、酱油各10克,盐2克,植物油适量。

做法

1.香菇洗净,去蒂,切片;猪肉切片用盐、淀粉、酱油腌15分钟。

2.锅内倒油烧热,放猪肉片炒变色,盛出,锅中放入香菇,加盐、酱油、水炖片刻,将熟时放肉片,翻炒均匀即可。

排骨豆腐虾皮汤 补钙、增强体力

材料 排骨250克,豆腐300克,虾皮5克,洋葱50克。

调料 姜片5克,盐1克,植物油适量。

做法

1.排骨洗净,斩段,沸水焯烫,撇去浮沫,捞出;豆腐切块;洋葱去老皮,切块。

2.将排骨、姜片放入砂锅,加水煮沸,转小火炖煮至七成熟,加豆腐、虾皮、洋葱块,小火炖煮至熟,加盐调味即可。

产后第5周 舒活筋骨，补养肾气

产妇的身体状况

乳房
经过前4周的调理，本周产妇的乳汁分泌继续增加，此时要注意乳房的清洁，多余的乳汁一定要挤出来。哺乳时，要让宝宝含住整个乳晕，而不是仅含住乳头。

胃肠
肠胃功能基本恢复正常，但对于仍在哺乳的妈妈来说，依然需要控制脂肪的摄入，避免对肠胃造成不利的影响。

子宫
到本周，自然分娩的产妇子宫已经恢复到产前大小，剖宫产的产妇会恢复得稍慢一些。

恶露
恶露基本没有了，白带也开始正常分泌了。从理论上讲，顺产妈妈此时已可以过性生活了，但部分产妇会感到疼痛和不舒服，所以建议推迟到6周后。但剖宫产的妈妈最好等到3个月之后再过性生活。

伤口及疼痛
会阴侧切的产妇基本感觉不到疼痛了，剖宫产妈妈偶尔会感到一点疼痛，不过大多数妈妈沉浸在照顾宝宝的辛苦和幸福中，对疼痛的反应并不明显。

妊娠纹
有妊娠纹的产妇会发现本周妊娠纹的颜色变淡了，因为怀孕造成的腹部松弛状况也在逐渐得到改善。

分泌物开始正常
正常情况下，产妇的恶露已经全部排出，阴道分泌物开始正常分泌，但如果这时仍有恶露，就需要及时就医。

排尿量也恢复正常
由于产妇在孕期体内滞留了大量水分，所以尿量会比孕前明显增多。进入本周后，随着身体的恢复，排尿量也恢复到正常水平。

饮食营养原则

黑色食物入肾可适当多吃

中医学将不同颜色的食物归属于人体的五脏：红色入心、绿色入肝、黄色入脾、白色入肺、黑色入肾。黑色食物入肾，能滋阴补肾，产后多吃黑色食物可补养肾气，比如黑米、黑豆、黑木耳、黑芝麻、黑枣、葡萄等。

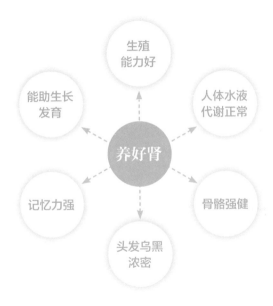

咸味食物的摄入要适量

肾精是人体精气的根本，人的生长、发育、生殖、衰老都与肾中精气的充盈程度有关，对于产后女性来说，养肾更是大事儿，否则一旦产后肾虚就会出现经常疲劳、乏力、腰酸背痛、盗汗、脱发、黄褐斑、月经异常等问题。

中医认为"咸入肾"，是指咸味食物，包括食盐最容易作用于肾，咸味适度可以养肾，过咸则伤肾。西医的观点认为，盐摄入过量会加重心脏负担，导致高血压等疾病。因此不能完全忌盐，但要坚持少盐的原则，还可以适当吃一些海产品等咸味食物。

想要筋骨好，补钙、补磷少不了

从营养需要量上看，哺乳期依然是钙需求量最大的阶段，孕期一般每天需要1000～1200毫克钙，哺乳期每天需要1200毫克。产妇因为担负产奶的重任，每泌乳汁1000～1500毫升，就会失去约500毫克的钙，所以，产后更要重视补钙，预防骨质疏松，同时也可避免宝宝缺钙。

每天一杯牛奶

牛奶中富含钙质以及维生素D、蛋白质和钾等多种有益骨骼的营养成分，产妇每天喝一杯，不仅能促进乳汁的分泌，还能防止缺钙。

但是最好不要空腹饮用牛奶，否则牛奶在胃内停留时间较短，会导致其所含的营养素不能被充分吸收利用。习惯早餐喝牛奶的女性，喝牛奶时最好搭配一些淀粉类的食物，如馒头、面包等同食，可促进消化和吸收。

适当喝酸奶补钙、防便秘

酸奶中富含益生菌和钙，能够促进肠道蠕动，还能补钙。产后第五周，产妇的脾胃功能还没完全恢复，适当喝酸奶，能够帮助消化、防止便秘，还能帮助补钙。注意这个时候仍然不能食用寒凉食物，酸奶不要从冰箱拿出来就喝，而要放至常温后再喝。

妈妈营养美味食谱

黑豆紫米粥 滋肝补肾

材料　紫米、黑豆各50克。
调料　白糖5克。
做法
1.黑豆、紫米洗净，浸泡4小时。
2.锅置火上，加适量清水，用大火烧开，加紫米、黑豆煮沸，转小火煮1小时至熟，撒上白糖拌匀。

薏苡仁牛奶粥 补钙、缓解便秘

材料　薏苡仁100克，牛奶250克。
调料　冰糖适量。
做法
1.薏苡仁淘洗干净，用水泡4小时。
2.薏苡仁放入锅中，加入适量清水煮开，转小火煮至软烂，盛出，控水，将薏苡仁倒入牛奶中用小火煮开，加入冰糖调味即可。

猪腰大米粥 健肾补腰

材料　大米100克，猪腰50克，绿豆20克。
调料　盐1克。
做法
1.猪腰洗净，切片，焯水；大米、绿豆洗净，绿豆浸泡4小时。
2.锅置火上，倒入适量清水大火烧开，放入大米、绿豆一起煮沸，再改用小火慢熬。
3.煮至粥将成时，放入猪腰煮熟，加盐调味即可。

产后 第6周 滋补养身，恢复完美状态

产妇的身体状况

乳房

哺乳期悉心呵护乳房，可以很好地防止乳房下垂，因为产妇在哺乳期乳腺内充满乳汁，重量增加，会加重下垂的程度。这时要精心挑选内衣，要选择适合乳房大小的纯棉文胸，文胸带宽为2厘米左右，带子和罩杯竖直连接且有钢圈的文胸，能有效地支持和扶托乳房，避免乳房下垂，减轻运动和奔跑时乳房受到的震动。最好选择专门为哺乳妈妈设计的内衣，罩杯可以打开，有利于哺乳。即使在产褥期，就算胸闷也要坚持戴文胸，这样才能有效地预防胸部下垂。

胃肠

基本没有什么不适的感觉了，本周吃些有瘦身作用的食物，会让肠胃更轻松。

子宫

本周，产妇的子宫内膜已经基本复原，体积已经恢复到孕前的大小，子宫已经无法摸到了。

恶露

有些产妇已经开始来月经了。哺乳会影响产后首次月经和排卵的时间，不哺乳的妈妈一般在产后6～10周可能会出现月经，而哺乳的妈妈普遍会延迟一段时间。

伤口及疼痛

本周，妈妈和宝宝要一起接受产后检查，这时妈妈会想起伤口的痛，也许只是一种条件反射，不必太在意。

妊娠纹

有妊娠纹的产妇经过前5周的科学调理，妊娠纹变淡了很多，且皮肤趋于光滑、紧致，不再松弛粗糙了。

饮食营养原则

多吃呵护乳房健康的食物

女性在经历怀孕和生产之后，乳房结构发生了很大的变化，要对乳房加倍呵护，以免引发乳腺炎、乳腺增生甚至乳腺癌等乳腺疾病。呵护乳房健康除了选对合适的胸衣、适当的按摩等方法以外，还要同时搭配合理的饮食。

合适的食物

大豆及豆制品	黑木耳、香菇	海带	牛奶及乳制品
富含异黄酮，能调节女性体内的雌激素水平，减少乳房不适	能增强人体免疫力，有较强的防癌作用	富含碘，可调节内分泌，降低女性患乳腺增生的风险	含丰富的蛋白和钙质，可预防乳房炎症

不合适的食物

高盐食品	油炸食物	刺激性饮料
含钠量高，会让体内保持更多体液，增加乳房不适	热量高，会使乳腺增生更严重	过量摄入这些饮品会增加乳房组织的体液，加重乳房的肿胀感

营养专家告诉你

产后第六周，产妇的身体虽然逐渐恢复了，但是跟正常人相比还是比较敏感，饮食上要多加注意，以免引起自身的不适和宝宝腹泻。在食材的选择上，要新鲜，并且最好是应季的。每一餐的剩饭剩菜最好不要再吃，尤其是某些蔬菜，如油菜、白菜等，做熟后一餐吃不完，隔夜后会产生细菌，严重危害健康。

润泽肌肤，少不了营养素

营养素	作用	来源
维生素C	抗氧化剂，对皮肤有美白、抗衰老的作用，能帮助抵御紫外线损害、排出黑色素，还能淡斑、锁水、保湿，使皮肤具有弹性而不松弛	新鲜蔬菜、水果中含量较多
铁	是构成血液中血红素的主要成分之一，血红素具有保持皮肤红润、光泽的作用，可使面色红润有光泽	动物肝脏、动物血、海带、芝麻、黑豆、菠菜、芹菜等
维生素E	强抗氧化剂，能保护肌肤免受自由基的损伤，延缓皱纹产生，还能有效抵制脂褐素在皮肤上的沉积，使皮肤保持白皙。很多产妇发现自己产后的皮肤不如以前光滑细腻，甚至有色斑产生。产后长斑与情绪有关系，但也可以从饮食调理	如核桃、花生、瓜子、芝麻、卷心菜、橄榄油等
植物营养素	不同于维生素和矿物质等的营养成分，对健康极为有益，尤其以非常突出的抗氧化功效而著称。比较有名的抗氧化剂有番茄红素、β-胡萝卜素、花青素、玉米黄素等，具有很强的抗氧化功效，能够抵抗自由基，延缓衰老	番茄红素主要来源于番茄等；花青素主要来源于葡萄等；β-胡萝卜素主要来源于胡萝卜、菠菜、芒果等；玉米黄素主要来源于玉米、猕猴桃等

适当进食富含胶原蛋白的食物

　　胶原蛋白能增加皮肤弹性，延缓皱纹产生，产妇经过生产，肌肤松弛在所难免，适当多吃富含胶原蛋白的食物可防止肌肤松弛下垂。

　　胶原蛋白大多存在于动物性食物中，猪脚、肉皮、牛蹄筋、鸡脚、鱼皮、鱼翅等中含量丰富。为了使食物中的胶原蛋白释放出来，用炖、煮、烧和煲汤的烹调方法最佳。但要注意，这些食物大多数脂肪含量较高，为了避免产后肥胖最好不要经常食用，可以一周吃1~2次。

妈妈营养美味食谱

银耳红枣炖雪梨　滋养肌肤

材料　雪梨2个，干银耳8克，红枣6枚。
调料　冰糖适量。
做法
1. 雪梨去皮、去核，切片；银耳泡发，洗净，撕成小朵；红枣洗净。
2. 锅中倒水煮开，放入银耳、红枣小火煮约20分钟，再放入梨片煮5分钟，加入冰糖煮至化开即可。

丝瓜蛋花汤　美肤、抗老化

材料　丝瓜200克，鸡蛋1个。
调料　盐3克，香油少许。
做法
1. 将丝瓜刮去外皮，切成6厘米长的段，再改切成小条；鸡蛋磕入碗内，用筷子搅打均匀。
2. 锅置火上，倒油烧至六成热，倒入丝瓜煸炒至变色，加适量水烧沸，淋入鸡蛋液，待开后放香油、盐即可。

Part

9

产后常见不适
调养的食疗方

分娩后的妈妈身体虚弱，容易出现一些不适症状。通过正确的食疗调养方法，既能够使妈妈恢复健康，又不用担心影响到宝宝的营养。

产后恶露不尽

恶露是指分娩后由阴道排出的分泌物，它含有胎盘剥离后的血液、黏液、坏死的蜕膜组织和细胞等物质。一般来说，恶露在早晨排出的量比晚上多，剖宫产产妇比顺产产妇排出的量要少些。产后恶露不尽是指产妇满月后仍有恶露，且颜色和气味有异常，呈脓性，并有臭味。这时一定要引起注意及时就医，否则时间久了会影响身体健康并引发其他疾病。

子宫排出恶露的过程

产后1~3天	血性恶露	恶露呈鲜红色、量较多，有血腥味
产后4~10天	浆液恶露	恶露为淡红色血液、黏液和较多的阴道分泌物
产后2周后	白色恶露	其中含有白细胞、坏死蜕膜组织、表皮细胞等，分泌物呈淡褐色或白色，量稍多一些

恶露异常怎么办

如果产后出现恶露异常的话，需及时就医，否则会给身体造成严重影响，主要需注意以下三个方面。

1.恶露量多或慢慢减少后又突然增多，血性恶露持续2周以上，且为脓性，有臭味，那么可能出现了细菌感染，应及时到医院就诊。

2.如果伴有大量出血，子宫大而软，则表示子宫可能恢复不良，需要及时就医。

3.如果血性恶露颜色灰暗且不新鲜，并伴有子宫压痛，说明子宫合并感染，应及时请医生检查，用抗菌药物控制感染。

保持阴道清洁

因为有恶露排出，所以产妇要勤换卫生巾，保持阴道清爽。大小便后用温水冲洗会阴部，擦拭时一定要从前往后擦拭或直接按压拭干，并选用柔软消毒的卫生纸。

恶露未净绝对禁止性生活

因为阴道有出血时，标志着子宫内膜创面未愈合，过性生活会导致细菌侵入，引起产褥感染，甚至发生产后大出血。此外，在产道伤口未完全修复前过性生活，会延迟伤口的愈合。

饮食调理

1.容易上火的产妇，可以喝一些清热的果蔬汁，如藕汁、梨汁等。

2.感觉乏力的产妇可以喝鸡汤、桂圆汤、大枣汤等。

 营养专家告诉你

恶露量会因为身体用力或给宝宝哺乳而增加，但若出现恶露量太多（半小时浸湿2片卫生巾）、血块太大或血流不止等情况，就必须咨询医生，以免发生危险。

产后腹痛

有些产妇产后会感觉小腹有轻微的阵发性疼痛，这主要是子宫收缩引起的。子宫收缩的目的在于排出子宫内残留的血块或胎盘碎屑，并逐渐恢复到原有状态，当子宫收缩力量较强时，就会产生腹痛感。另外，子宫被过度膨胀，如羊水过多、生产多胞胎等也会加重产后腹痛。产妇可以通过一些日常调理来减轻产后腹痛。

产后多活动促进气血顺畅

如果产妇产后可以下床的话，最好多下床走走。如果不能下床，也要在床上多翻身，促进气血流通，避免身体僵硬，腹部气血瘀滞，引起产后腹痛。

注意腹部保暖，避免宫寒

产后要注意腹部保暖，不要让腹部长时间暴露在外，裤腰最好能盖住肚脐。睡觉时可以在腹部多搭一条毛毯保暖，避免腹部着凉引起宫寒，从而导致产后腹痛。

保持乐观心态避免气血瘀滞

产后要保持心态乐观开朗，不要随便生气，否则也会引起气血瘀滞，从而导致产后腹痛。

饮食调理

1.吃高蛋白的食物。可以多吃些蛋、牛肉、鸡肉、豆类、牛奶等富含蛋白质且营养丰富的食物，增强身体抵抗力。

2.注意补充维生素C。产妇在产后身体比较虚弱，抵抗力也会随之下降，因此多吃些富含维生素C的蔬菜和水果，有助于增强抵抗力，防治炎症，也能缓解腹痛。

3.增加膳食纤维的摄入。富含膳食纤维的食物有助于预防便秘，还能够缓解腹痛。

4.产后排恶露期间不宜服用人参，否则会导致恶露难以排出，瘀滞在宫腔内的血块很容易引起产后腹痛。

5.少吃生冷食物，红薯、黄豆、蚕豆、豌豆等容易引起胀气的食物也要少吃。

产后水肿

产妇在产褥期出现下肢甚至全身水肿的现象，称为产后水肿。如果水肿发生在下肢，多是生理性原因所致，如孕期子宫变大，影响血液循环而引起的水肿等。如果水肿不仅出现在下肢，而且双手、脸部、腹部等部位也有，用手轻按肌肤时，肌肤多呈现下陷、没有弹性、肤色暗黄等现象。多是病理性原因所致，如妊娠高血压综合征、肾脏病等造成的。

减轻腿部压力

产妇在坐月子期间应适当运动，不要久坐或久站，也不要长时间保持一个姿势，休息时可适当抬高腿部，在腿部垫一个小凳子或枕头，这些都有利于缓解产后水肿。

勤泡脚促进血液循环

可以每天晚上用稍烫一点的水泡泡脚，能有效促进血液循环，还可以自己做做脚部按摩，也能缓解产后水肿。

按摩双腿缓解水肿

可通过按摩双腿来减轻水肿。

方法1 两只手捏住小腿肚子上的肌肉，一边捏一边从中间向上下按摩，不断改变按捏位置，重复做5次。

方法2 两手一上一下握住小腿，像拧抹布一样左右拧小腿肚上的肌肉，从脚踝开始往膝盖处拧，重复做5次。

方法3 两手握住小腿，大拇指按住小腿前面的腿骨，从上往下按摩，重复3次。

饮食调理

1. 饮食宜清淡，不要吃过咸的食物，尤其是咸菜，以防止水肿加重。

2. 吃足量的蔬菜、水果。蔬菜和水果中含有人体必需的多种维生素和微量元素，能提高人体的抵抗力，加速新陈代谢，具有解毒利尿等作用。

3. 睡觉前尽量不要喝水。

4. 少吃或不吃难消化和易导致胀气的食物，如油炸的糯米糕、白薯等，这些食物会引起腹胀，使血液回流不畅，加重水肿。

5. 不要吃过多补品，长期食用补品会增加肾脏负担，甚至使肾脏长期处于"超负荷"状态，危害肾脏，加重水肿。

6. 多吃脂肪含量较少的肉类，如鸡肉、鱼肉等。

 营养专家告诉你

如果产妇出现下肢甚至全身水肿，同时伴有心悸、气短、四肢无力、尿少等不适症状，要及时去医院检查；剖宫产手术后，如果出现了一侧下肢水肿、疼痛，千万不要忽视，这种症状很可能是静脉血栓的先兆，是一种严重的并发症。

产后便秘

大多数产妇在产后都会因为一些不健康的调理方法导致便秘，而便秘也会引起产后腹痛。有的产妇因为腹痛不敢排便，从而导致便秘症状加重，每次排便都非常困难，肛门疼痛更加厉害，甚至导致肛裂。所以，预防和调理产后便秘是非常重要的。

适当运动增强肠道蠕动

产妇产后可以在床上进行适当的活动，不要久卧不动，可以尝试做以下运动。平躺在床上，双膝屈起，双手抱膝，收缩臀部，将后背压向床面，然后放松，根据体力情况做3~5次。这样可促进肠道运动，缩短食物滞留肠道的时间，增加排便量。

按压天枢穴促进排便

将拇指与小指弯曲，中间三指并拢，食指指腹贴在肚脐中心，无名指所在的位置即是天枢穴。用拇指的指腹按压天枢穴，同时向前挺出腹部并缓慢吸气，上身缓慢向前倾呼气，反复做5次。经常按压此穴可以增强肠胃蠕动，提高腹部肌肉的弹性，促进排便。

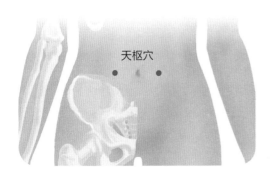

天枢穴

保持心情舒畅

因为不良情绪会导致胃酸分泌量下降，导致肠胃蠕动减慢，造成便秘。因此，要保持心情舒畅，避免不良的精神刺激，坚持每日定时排便的习惯，进而形成条件反射。

饮食调理

1. 饮食多样化。做到荤素搭配、粗细搭配，适当补充一些高蛋白食物，比如豆腐、瘦肉等。

2. 补充膳食纤维，忌生冷。多吃富含膳食纤维的食物，如新鲜水果、蔬菜、谷物和坚果等，如香蕉、番茄、白菜、萝卜、糙米、玉米、芝麻、核桃等，但切忌吃过凉的食物，尤其不能直接吃刚从冰箱里拿出来的水果。

3. 多喝些有营养、易消化的流食或半流食。比如稀饭、面汤、米汤、鸡蛋汤等，都能帮助润肠通便。

4. 多喝温开水。温开水不仅能促进胃肠蠕动，缓解便秘症状，还能补充因生产和哺乳而流失的水分。

产后乳腺炎

产后乳腺炎，又称哺乳期乳腺炎，多为急性乳腺炎，常发生于产后哺乳期。产后乳腺炎分为早期、化脓期和溃后期三个阶段。早期表现为乳房胀满，疼痛，哺乳时更甚；乳汁分泌不畅，或明显减少；乳房肿块或有或无；皮肤微红或不红，或伴有全身不适、食欲欠佳、胸闷烦躁等。

不要挤压乳房

多数乳腺炎的发病原因都是睡觉时不小心挤压造成的，为避免这种情况的发生，也为了更好地给宝宝哺乳，哺乳期妈妈要注意保护好乳房。首先，睡觉时不要俯卧，侧身而睡时切勿使乳房受压，最好是采取仰卧的姿势，因为向左或向右睡都会压迫乳房，容易使乳房内部软组织受到挫伤，从而引发乳腺炎或增生等疾病。

营养专家告诉你

乳腺发炎时，乳房会胀痛得很厉害，稍微碰触就会疼痛异常，还会口渴、食欲低落，甚至会有发热、腋下淋巴结肿大的症状，这时必须赶紧就医。情况严重时，西医会选择切开引流，以避免发生败血症。

控制乳腺炎恶化

哺乳期女性得了乳腺炎后，要及时排空乳房内的乳汁，否则乳汁淤积会导致病情恶化。此外，产妇不要因为乳房的疼痛而停止喂奶，发炎的一侧排空乳汁，未发炎的继续哺乳。找出引起乳胀的原因，看看是因为乳头的先天生长不良还是因为没有及时挤出乳汁，通过调整可以有效避免乳胀问题。

维持内分泌平衡

平时要保持心情愉悦，这样内分泌才能平衡，乳汁的分泌才能顺畅，一旦得了乳腺炎也不要过于担心，应及时就医。

饮食调理

1.多吃清淡且有营养的食物。如番茄、青菜、丝瓜、黄瓜、茼蒿、莲藕、荸荠、红豆汤、绿豆汤等，水果也可以适当多选用。

2.避免摄入过多的油脂。产妇不要无节制地进补高蛋白、高脂肪的食物，以免哺乳初期分泌过多的乳汁，而宝宝又吃不完，很容易导致乳腺阻塞，引发乳腺炎。

产后抑郁

产后抑郁是指产妇在分娩后出现抑郁、悲伤、沮丧、哭泣、易激怒、烦躁、对自身及婴儿健康过度担忧，常失去生活自理及照料婴儿的能力，有时还会陷入错乱或嗜睡状态，甚至有自杀或杀婴倾向等一系列症状的心理障碍，是产褥期精神综合征中最常见的一种。通常在产后2 周内出现，4~6 周症状明显。

重视产褥期保健

重视产褥期保健，尤其要重视产妇心理健康。对分娩时间长、难产或有不良妊娠结局的产妇，应给予重点心理护理，注意保护性医疗，避免精神刺激。

学会调节情绪，坦诚告诉家人实情

对产后抑郁症，妈妈首先要学会调节自己的情绪，不要勉强自己做不喜欢的事情，心情不好的时候可以听听音乐、找朋友聊聊开心的事儿、做点简单的家务分散注意力。

如果很难自己排解郁闷，就要将自己的情况如实告诉家人，及时沟通，让家人了解你最需要什么，千万不要闷在心里。勇于寻求和接受帮助，是解决产后抑郁的积极方式。

母权下放

别总是担心老公做不好、老人做不好，不要总以为天底下唯有妈妈才能给孩子完美的抚育。这种霸道母爱最终会反噬自己：妈妈会成为永远脱不开身的千手观音，永远疲累交加。

到户外散心转换心情

妈妈可在家里走走，放松一下身心。身体允许的话可以到户外散散步，呼吸一下新鲜的空气，会让心情豁然开朗。

丈夫要体贴关心新妈妈

丈夫的体贴关心和温情安慰，是缓解新妈妈产后抑郁症最重要的良药。这种来自爱人的关爱是任何人都无法给予的。作为丈夫，要时刻关注妻子的情绪，要及时发现问题、及时解决。新生命的到来在给爸爸带来幸福的同时，也带来了很多压力，但爸爸们还是要注意控制暴躁的脾气，保持温柔和耐心。

哺乳前，妈妈先洗净双手，用湿热毛巾擦洗乳头、乳晕，同时双手柔和地按摩乳房3～5分钟，促进乳汁分泌。

哺乳的正确姿势有以下三种：

1.揽球式

特别适合于在喂哺双胞胎时，或同时有另一位孩子想依偎着妈妈时。宝宝躺在妈妈的臂弯，臀部相对，有需要时可用软垫支撑，而妈妈的下臂应托着宝宝的背部，身子应稍微前倾，让宝宝靠近乳房。开始喂哺后，妈妈便可放松及将身体后倾。这种姿势能让宝宝吸吮下半部乳房的乳汁。

2.摇篮式

摇篮式是最常见的一种哺乳方式。宝宝的头部枕着妈妈的手臂，腹部向内，而妈妈的手应托着宝宝的臀部，方便身体接触。妈妈利用软垫或扶手支撑手臂，手臂的肌肉便不会因为抬肩过高而拉得绷紧。采用这种喂哺姿势时，妈妈可以把脚放在脚踏或小凳子上，这样有助身体放松。

3.侧卧式

妈妈在晚上喂哺或想放松一下时，可采用这种姿势。妈妈和宝宝都侧卧在床上，腹部相对，这样宝宝的口便会正对乳头。妈妈的手臂及肩膀应平放在床垫上，只有头部以枕头承托。妈妈可用卷起的毛巾或类似物品垫着宝宝，让宝宝保持同一姿势。

喂完奶后，别忘了将宝宝直立抱起来，使宝宝的身体靠在妈妈身体的一侧，下巴搭在妈妈的肩头，用手掌轻拍后背，直至宝宝打出气嗝。